色光の三原色（加法混色）

→p.31、図2-3

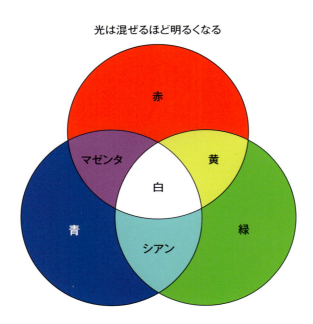

インクの三原色（減法混色）

→p.33、図2-5

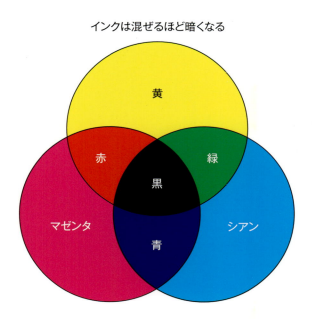

マンセル表色系

➡ p.34、図2-6

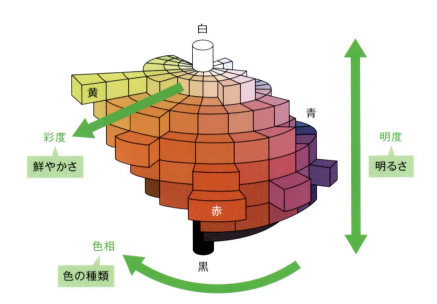

マンセル表色系は、色相・明度・彩度により色を直感的にわかりやすく指定できる

XYZ表色系の色度図

➡p.36、図2-7

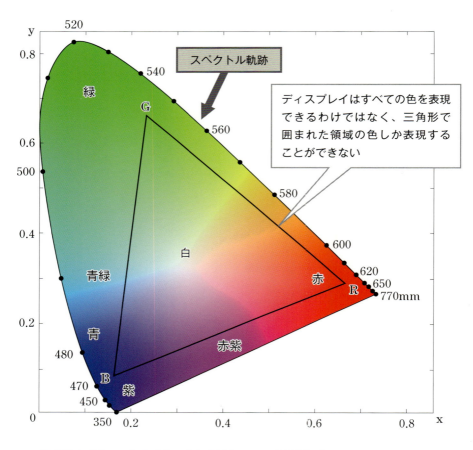

色の指定が(x, y)ででき、たとえば$(0.1, 0.6)$は緑になる。

L*a*b*表色系の色度図

→p.37、図2-8

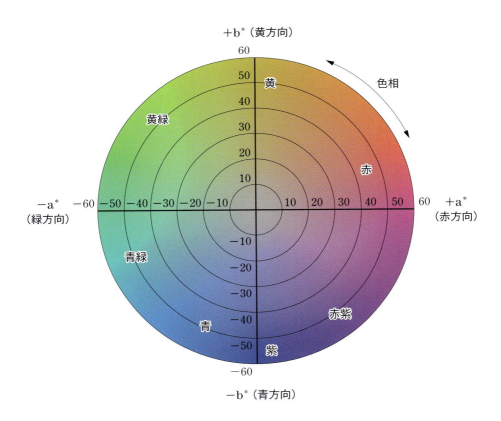

ハーフトーンによるカラー印刷の例 ➡p.86、図5-8

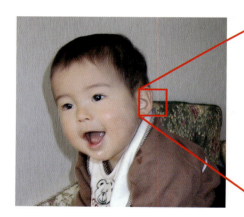
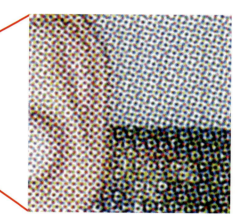

モスキートノイズの例

➡p.138、図7-15

ブロックノイズの例

→p.138、図7-16

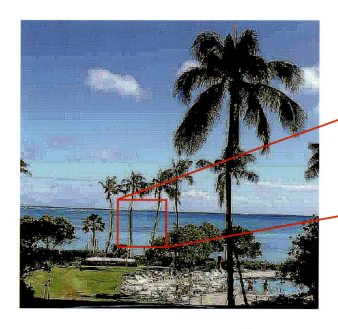
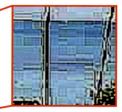

はじめてのデジタル画像処理

図解でわかる

画像処理技術を基礎から体系的に学べる

増補改訂版

山田宏尚／著

技術評論社

●本書をお読みになる前に
・本書に記載された内容は、情報の提供のみを目的としています。したがって、本書を用いた運用は、必ずお客様自身の責任と判断によって行ってください。これらの情報の運用の結果について、技術評論社および著者はいかなる責任も負いません。
・本書記載の情報は、2018年1月現在のものを掲載していますので、ご利用時には、変更されている場合もあります。
・また、ソフトウェアに関する記述は、特に断わりのないかぎり、2018年1月現在での最新バージョンをもとにしています。ソフトウェアはバージョンアップされる場合があり、本書での説明とは機能内容や画面図などが異なってしまうこともあり得ます。本書ご購入の前に、必ずバージョン番号をご確認ください。

　以上の注意事項をご承諾いただいた上で、本書をご利用願います。これらの注意事項をお読みいただかずに、お問い合わせいただいても、技術評論社および著者は対処しかねます。あらかじめ、ご承知おきください。

●商標、登録商標について
　本書に登場する製品名などは、一般に各社の商標または登録商標です。なお、本文中に ™、®などのマークは記載しておりません。

改訂にあたって

　本書は、画像処理工学を初めて学ぶ人にも容易に理解できる解説書として、2008年に出版されました。その後10年がたち、デジタル画像処理技術はさらに広い分野で使われ、身近なものとなってきました。

　本書の改訂にあたっては、従来のアナログ画像処理がほぼデジタル化されたことを受けて、いくつかの見直しと項目の追加を行いました。一方で、最新のデジタル画像処理技術の世界においても、知っておくべき基本事項はほとんど変わっていません。かつてはシステムのコスト要因で適用が難しかった高度な画像処理も、コンピュータの性能向上と低コスト化により気軽に使えるようになりました。しかし、そこで使われる画像処理の基本技術はほとんど変わっていないのです。したがって、画像処理の最新技術を学ぶ上でも本書に書かれた基礎事項が十分に役に立つものと考えます。

　また、最近ではディープラーニングをはじめとするAI（人工知能）に関する技術も大きく発展しています。人間の脳の多くの部分が視覚情報の処理に使われていることからも分かるように、AIと画像処理技術には密接な関係があります。つまり、AIやディープラーニングなどを学ぶ上では、画像処理に関する基礎知識が大切となります。

　本改訂版では最近の動向をふまえて、特に10、11章の構成を見直しました。具体的には、10章ではAI、機械学習、ディープラーニングなどに関する項目を新たに加え、文字認識や産業用ロボットなどにおける画像認識技術の話題を中心に再構成しました。また、11章ではステレオ画像処理、バイオメトリクス、医療用画像処理、自動運転を含む自動車の安全機能などの応用事例について解説しました。

　本書が画像処理をこれから学ぼうとする方々にとって少しでも役に立てることがあれば、大変嬉しく思います。

2018年2月　山田宏尚

はじめに

　デジタル画像処理というと、デジタルカメラ、薄型テレビ、Blu-rayやDVDレコーダなどのようなデジタル家電がすぐに思い出されますが、それだけでなく最近では身近に使われる様々な製品にデジタル画像処理が使われています。

　たとえば、最近の車には、ビデオカメラを使って後方や前側方の視界を運転席のモニタで視認できる車両安全確認システムがよく搭載されています。それらの中にはモニタ画像に車のハンドルの切り角に応じた後退予想位置をマーカで重ね合わせて表示して、駐車スペースとの距離イメージを簡単に把握できるものがあります。

　また、車の各部に取り付けられたカメラ画像を補正して合成することにより、あたかも運転中の車両を真上から見たような映像を表示するシステムも実用化されています。さらに、画像による自動認識技術使って自動的に駐車を支援してくれるシステムも開発されています。これ以外にも、自動車の予防安全、衝突安全などの運転支援技術にデジタル画像処理が使われています。

　こういったシステムは、最近のコンピュータやカメラなどのデジタル製品の小型化・低コスト化および高性能化によって実用化されたもので、自動車の世界以外にも、セキュリティ装置、医療機器、福祉機器など、私たちの生活の様々なところに画像処理を使って、安全・安心・便利な社会を実現するシステムの開発が進められています。

　このような背景から、画像処理技術に関する知識は、画像を専門に扱う技術者だけでなく、広く製品開発に携わる多くの方々にも必要なものとなりつつあります。本書は、フォトショップの使い方やデジタルカメラ画像の加工法などを説明する単なるノウハウ本ではなく、画像処理技術を体系的にきちんと解説しつつ、初めて学ぶ人にも分かりやすいよう、図解しながら理解してもらうことを目指しました。また、大学・高専等の画像処理工学の初級レベルの入門テキストとしても利用できるように構成しました。

　本書では、テレビ放送の分野や印刷業界で使われる画像処理、ビデオ録画・再生装置等におけるデジタル画像処理をはじめとして、画像認識や知能ロボット、文字認識、医療分野、自動車への応用等の広い範囲を扱います。そして、これら

で使われる画像処理の基礎として画像のデジタル表現、画像処理技術の基礎、フーリエ変換や画像圧縮などについても優しく解説します。

　画像処理と一口に言っても、画像処理関連の書籍はたくさんあり、特定の分野を深く説明した本が比較的多く見受けられますが、本書では画像処理に関連する広い分野を扱いつつ、その基礎事項をやさしく解説している点に特徴があります。

　また、フーリエ変換のような数学的な部分も、高校生レベルの数学知識でなぜそうなるのかが分かるような説明を心がけました（万が一、分からなくても数式の部分を飛ばしてざっと読んでいただいてもかまいません）。

　まず、序章～2章では画像がコンピュータやデジタル画像処理装置の内部でどのように表現・記録されるのかについて述べます。

　次に、3、4章では画像の画質を変えるフィルタ処理や濃度値の変換手法などについて述べます。また、5章では印刷で使われるデジタル画像処理についても説明します。

　6～8章では、画像の情報処理に関する基礎について述べます。静止画や動画の圧縮、フィルタに使われるフーリエ変換や離散コサイン変換、標本化定理、MPEG圧縮のしくみなどについて分かりやすく説明します。

　9章ではデジタル放送、テレビ、ビデオレコーダ等で使われる画像処理や画質改善技術について解説します。

　10章では、産業用ロボットや自律移動ロボットで使われている画像認識技術や人工知能、ステレオ画像処理等について説明し、その基礎となる2値化処理やパターン認識技術についても解説します。

　11章では、文字認識、医療現場、自動車など様々な分野で役立っている画像処理技術の応用例について解説します。

　デジタル画像処理技術の必要性は、今後もますます高まっていくものと考えられます。本書により、画像処理に興味を持っていただき、将来、新しい分野への画像処理の応用について考えてみるきっかけとなれば望外の幸せです。

　最後に、本書を執筆するに当たり、お世話になった方々に深く感謝致します。

2008年5月　山田宏尚

2018年4月の改訂により、10～11章の内容は一新されました。

contents

カラー口絵 …………………………………………………… A-1
改訂にあたって ……………………………………………… iii
はじめに ……………………………………………………… iv

Chapter 0　デジタル画像処理って何？

- **0-1** コンピュータの発達が「デジタル画像処理」を可能にした ……… 2
- **0-2** アナログ画像処理とデジタル画像処理 ……………………… 5
- **0-3** デジタル画像処理で何ができるのか ………………………… 9

Chapter 1　画像の基礎

- **1-1** デジタルカメラと画像のデジタル化 …………………………16
- **1-2** 量子化のしくみ ………………………………………………22

Chapter 2　カラー画像のしくみ

- **2-1** 色を捉える視覚のしくみ ……………………………………28
- **2-2** カラー印刷と三原色 …………………………………………32
- **2-3** 色を数値で表現する …………………………………………34
- **2-4** カラー画像のデジタル化 ……………………………………39

Chapter 3　デジタル画像のフィルタ処理

- **3-1** フィルタ処理のしくみ ………………………………………48
- **3-2** メディアンフィルタ …………………………………………53
- **3-3** 輪郭を抜き出すフィルタ ……………………………………54
- **3-4** ラプラシアンによるエッジ検出 ……………………………62
- **3-5** 画像をシャープにする鮮明化フィルタ ……………………66

Chapter 4　画像の明るさを変えよう

- 4-1　濃度ヒストグラムのしくみ …………………………………… 70
- 4-2　濃度ヒストグラムによるコントラスト変換 ………………… 71
- 4-3　トーンカーブによるコントラスト変換 ……………………… 73
- 4-4　いろいろなトーンカーブを試してみよう …………………… 75
- 4-5　デジタルカメラのHDRとは ………………………………… 77

Chapter 5　印刷のための画像処理

- 5-1　ハーフトーンのしくみ ………………………………………… 80
- 5-2　カラー印刷とハーフトーン …………………………………… 85
- 5-3　パソコン用プリンタで使われる画像処理 …………………… 87

Chapter 6　画像とフーリエ変換

- 6-1　フーリエ級数とは何か ………………………………………… 94
- 6-2　複素フーリエ級数の世界 ……………………………………… 97
- 6-3　離散フーリエ変換（DFT） …………………………………… 101
- 6-4　離散コサイン変換（DCT） …………………………………… 105
- 6-5　縞模様と周波数の関係 ………………………………………… 109
- 6-6　2次元離散フーリエ変換 ……………………………………… 114
- 6-7　2次元DCT ……………………………………………………… 116

Chapter 7 静止画と圧縮のしくみ

- 7-1 フーリエ変換とフィルタ …………………………………… 120
- 7-2 標本化定理とエリアシング ………………………………… 122
- 7-3 カラー画像と圧縮 …………………………………………… 126
- 7-4 DCT を使った圧縮…………………………………………… 131
- 7-5 エントロピー符号化のしくみ ……………………………… 133
- 7-6 JPEG と画質の劣化 ………………………………………… 137
- 7-7 JPEG 可逆圧縮 ……………………………………………… 139

Chapter 8 動画像と圧縮のしくみ

- 8-1 動画像のしくみと圧縮 ……………………………………… 144
- 8-2 デジタル放送と MPEG……………………………………… 146
- 8-3 MPEG1 のしくみ …………………………………………… 149
- 8-4 動き補償フレーム間予測符号化 …………………………… 150
- 8-5 MPEG のフレーム構成と GOP …………………………… 153
- 8-6 MPEG2 のしくみ …………………………………………… 154
- 8-7 MPEG4 と H.264、H.265 ………………………………… 157
- 8-8 MPEG7 と MPEG21 ……………………………………… 160

Chapter 9 テレビ放送と画像処理

- 9-1 アナログビデオ信号と Y／C 分離………………………… 164
- 9-2 2 次元 Y／C 分離と 3 次元 Y／C 分離 …………………… 168
- 9-3 デジタル放送の画像処理 …………………………………… 171
- 9-4 IP 変換 ………………………………………………………… 174
- 9-5 テレビシネマ変換 …………………………………………… 177
- 9-6 テレビの HDR とは ………………………………………… 178

| 9-7 | ビデオ端子とケーブル | 179 |

Chapter 10　AI（人工知能）と画像認識

10-1	AIとは何か	184
10-2	コンピュータビジョンとロボットビジョン	185
10-3	視覚情報処理は難しい	186
10-4	視覚情報処理の手順	189
10-5	ロボットによる組み立て作業	190
10-6	Hough（ハフ）変換	197
10-7	積み木の世界	200
10-8	見え方に基づく3次元物体の認識	203
10-9	文字の認識	204
10-10	ニューラルネットワークとディープラーニング	216

Chapter 11　様々な分野で活躍する画像処理

11-1	ステレオビジョン	236
11-2	レンジファインダ	241
11-3	アクティブビジョンとビジュアルサーボ	242
11-4	バイオメトリクス	245
11-5	コンピュータ断層撮影	252
11-6	自動車のための画像処理	263

主な参考文献 274
index 275

Chapter 0
デジタル画像処理って何？

Chapter 0 デジタル画像処理って何？

0-1 コンピュータの発達が「デジタル画像処理」を可能にした

身近になった画像処理

　デジタル家電といえば、薄型テレビ、デジタルカメラ、DVD/Blu-rayレコーダなどが代表的ですが、これらはいずれもデジタル画像処理が使われている電子機器です。

　以前は、ブラウン管式のアナログテレビや、フィルムを使ったアナログカメラ、ビデオテープを使ったVHSビデオ装置などが使われていましたが、今ではデジタル式の家電製品が主流になりました。

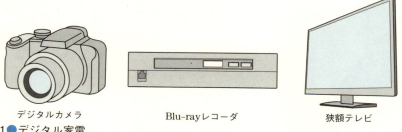

デジタルカメラ　　　　Blu-rayレコーダ　　　　狭額テレビ
図0-1●デジタル家電

　これらのデジタル家電製品では、画像をきれいに表示したり、録画のために画像を圧縮処理したりといった、様々なデジタル画像処理技術が使われています。このように画像処理技術は私たちの身近なところで知らない間に活躍しています。

　また、スマートフォンやデジタルカメラで撮影した写真をグラフィックソフトで加工してTwitterやFacebookなどのSNS（Social Networking Service）に投稿するといったことも手軽にできるようになりました。こういったデジタル画像を加工するグラフィックソフトの中にも画像処理技術がふんだんに使われ

ています。

　画像情報はデータ量が大きく、処理を行うのに比較的時間がかかるため、従来は気軽に使うことができなかったのですが、最近ではコンピュータやデジタル機器の性能が急速に向上し、しかも価格も安くなったことでデジタル画像処理を使う家電製品が急速に普及したのです。

　さらに、人間の顔画像などの認識・分類や、自動車の安全性向上・自動運転技術などにも画像処理技術が使われるようになっています。

自動運転

顔認識

図0-2 ● 画像処理技術の応用例

広い分野で使われる画像処理

　デジタル画像処理の用途は、それだけではありません。産業用ロボットや、エンターテイメント用ロボットなどの視覚情報処理システムとしても役立っています。

　最近は人工知能（AI：Artificial Intelligence）が注目されていますが、ロボットや機械をAIで知能化するためには、外界の情報をうまく取り込んで利用することが大切です。人間は、五感のうち、とりわけ視覚を通して多くの情報を得ていますが、画像情報をうまく利用すれば、ロボットをはじめとする機械の知能化に大いに役立てることができます。

　たとえば、ロボットを自動で動かそうとする場合、従来はレーザーセンサや超音波センサなどを使って、周りの障害物の有無や位置を判断しながら、ぶつ

人間型ロボット　　ペットロボット　　　　産業用ロボット

図0-3●ロボットにも画像処理が使われている

からないように動かす、といったことがされていました。しかし、これは人間で言えば目をつぶって手探りをしながら歩くことに相当します。もし、ロボットにビデオカメラを取り付けて、周りの状況を視覚によって判断しながら行動できるようにしたら、従来よりもはるかに素早く周囲の状況を判断できるようになることは容易に想像できます。

　こういったこと以外にも、生産現場においては、視覚センサを用いた組立・品質検査装置などが使われています。また、文字・郵便番号等の自動読み取り装置など、様々な分野で画像処理技術が役だっています。

　さらに、病院で使われているX線CT装置は、人間を輪切りにした体内の画像を作り出すことができますが、これは人間の目の力では不可能なことです。このように、人間では見ることができない情報を可視化するための画像処理も、とても重要な技術といえます。

　以上のように、画像処理技術は、各種産業、医療、航空宇宙をはじめとする多くの分野で利用されており、また、コンピュータの急速な高速化・低価格化により、高度な画像処理技術が身近なものになりつつあります。

　デジタル画像処理は、これからの情報化社会、マルチメディア社会において必須の技術といえます。

0-2 アナログ画像処理とデジタル画像処理

なめらか対とびとび

　自然界に存在する視覚情報は、本来アナログです。このため、写真やビデオなどで扱われる画像も、従来はおもにアナログとして扱われてきました。ところが最近では、デジタル画像処理が一般的となっています。その理由はどこにあるのでしょうか。

　アナログと**デジタル**との違いは、連続的な量を扱うか、とびとびの離散的な量を扱うかの違いといえます。

　たとえば、アナログ時計とデジタル時計を思い出してみてください。図0-4のように、アナログ時計では、針が連続的に回転して原理的にはどんな細かい時間でも示すことができます。これに対して、デジタル表示の時計では、たとえば、秒まで数字で表示できる時計の場合、1秒以下の時間は無視されて、とびとびの時間表示となっています。

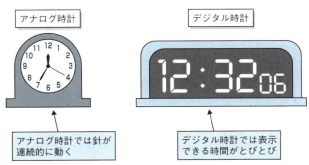

図0-4●アナログとデジタル

　アナログ画像とデジタル画像についてはどうでしょう。図0-5のように従来のフィルム式カメラで撮影された写真を虫眼鏡で拡大してみると、滑らかに色が変化していることが分かります。

　これに対して、液晶ディスプレイの画面を拡大すると、小さな色の点が集ま

っていることが分かります。この点の一つ一つを、**画素**といいます。デジタル画像では、このようなとびとびの画素が集まって画像を構成しているのです。

アナログ画像

デジタル画像

現像した写真を拡大しても画像はなめらか

デジタル画像は拡大するとマス目状のとびとびの色の粒が見える

図0-5●アナログ画像とデジタル画像

デジタル情報の特徴

　さて、アナログとデジタルを比べると、細かいところまで滑らかに表現できるアナログの方が優れているように思われます。それなのに、なぜ今はデジタルが全盛なのでしょうか。それは、デジタルにはアナログにはない優れた特長があるからです。

◆コンピュータ処理できる

　まず、デジタル情報は、画像情報であれ音声情報であれ、最終的に1と0の並び（2進数）として表現されます（23ページ参照）。コンピュータの中でもすべての情報は、1と0により表現されるので、デジタル情報はコンピュータで処理することが簡単にできます。コンピュータを使えば、画像の画質を改善したり、変形したり、あるいは画像の性質を解析したりといったことが簡単に行えます。これをアナログ画像のままで行うのは、大変難しいことです。

◆ノイズに強い

電子機器では、デジタルの1と0の情報は、電気信号のオンとオフにより表現されます。このため、信号がある値より大きければ1に、小さければ0にするように再変換すれば、波形にある程度**ノイズ**（雑音）が混入したり、波形が変形しても、簡単に元の信号を回復することができます（図0-6(a)）。したがって、デジタル情報では、それを何回コピーしてもデータが全く劣化しないことになります。

これに対して、アナログ信号を使った電子機器の場合、連続的で微妙な電圧

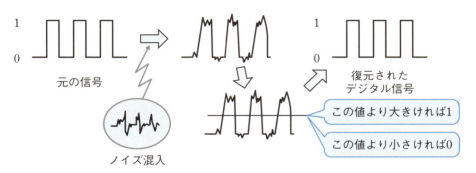

(a) デジタル信号の場合、ノイズが入っても、元の信号を簡単に再現できる

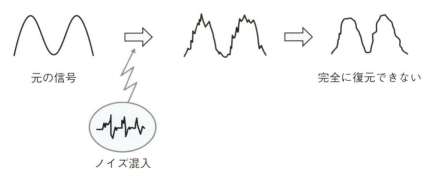

(b) アナログ信号の場合、ノイズが入ると、元の信号の復元はむずかしい

図0-6●デジタル信号はノイズに強い

波形によってデータを記録しているため、ノイズが混入した場合、元の波形がどんな形であったのかを再現することは困難となります（図0-6(b)）。アナログの場合は、どうしてもノイズの影響を完全に取り除くことができないのです。

◆劣化しない

さらに、デジタル信号は、複製してもデータが劣化しないという特長があります。アナログ時代に使われていたVHSビデオで何回かテープをダビングすると、数回で画質が極端に劣化してしまうということがありました。これに対して、デジタル画像ならば、何度コピーしても基本的には画質は劣化しません（その分、著作権の関係で、コピーに制限がかけられていることも多いのですが）。

◆回路設計が容易

また、デジタルでは、電子回路を設計する場合、アナログ回路よりも回路設計が容易で、設計通りの性能が出やすいという特徴もあります。表0-1にアナログ画像処理とデジタル画像処理の特徴の比較を示します。

表0-1 ● アナログ画像処理とデジタル画像処理の比較

方式	処理スピード	データのコピー	データの記憶容量	画像処理のしやすさ	処理の精度	データベース化や検索	電子回路の設計
アナログ画像処理	○	×	○	×	×	×	×
デジタル画像処理	×	○	×	○	○	○	○

　従来は、大容量のデジタル情報を高速に処理できる安価な処理装置をつくることは困難でした。しかし、コンピュータやデジタル処理装置の性能向上により、まず音声処理の分野（CDなどのデジタルオーディオ）でデジタル化が進み、最近では、画像処理装置のデジタル化（Blu-ray、デジタル放送など）が一般的となりました。

0-3 デジタル画像処理で何ができるのか

「百聞は一見にしかず」という諺があります。これは「人の話を何度聞くよりも、実際に自分の目で見た方がよく分かる」という意味です。たとえば動物の象を知らない人に「象は鼻が長くて、耳が大きくて、皮膚が硬くて皺があって……」と象の姿を言葉で説明しても、本当の姿がどんなものなのかなかなか伝わりません。しかし、写真を見せれば、象がどんな姿形をしているのか一瞬で理解できます。このように画像には、豊富な情報が含まれているといえます。

近年の高度情報化社会では、画像情報の重要性がますます大きくなっており、デジタル画像処理技術の普及によって、これまで以上に画像情報が活用されつつあります。

以下では、デジタル画像処理がどのようなところで応用されているかについて見てみましょう。

(1) 家電製品

デジタルテレビ放送では、デジタル画像処理の技術を使うことで、従来使われていたアナログテレビよりもきれいな音声や画質で放送を楽しむことができるようになりました。

また、従来のビデオ録画装置と比べて、格段に便利なBlu-ray・ハードディスクレコーダも普及しています。これらの装置における画質改善や圧縮処理にもデジタル画像処理技術が役立っています。

(2) パソコンによる画像処理

カメラで撮影した写真の画質が、暗すぎたりピンぼけしていたときに、従来のフィルム式カメラの場合はあきらめるしかありませんでした。しかし、デジタルカメラでは、フォトレタッチソフトなどで加工することで、見栄えの良い写真に修整することが簡単にでます。また、このような写真を高画質プリンタなどを使って手軽に印刷できるようになりました。

このようなフォトレタッチソフトやプリンタにも、デジタル画像処理技術が

役立っています。

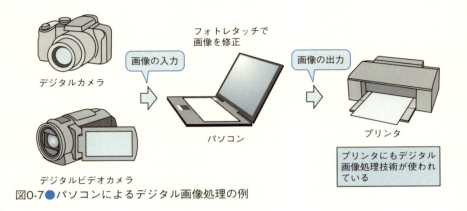

図0-7●パソコンによるデジタル画像処理の例

(3) 産業分野

　製造工程における検査や監視にも、デジタル画像処理技術が使われています。工場や生産現場などでは、検査や組立、選別などの作業を行い自律的に移動するロボットの目として、カメラから取り込んだ画像情報が活用されています。

　従来人間が行っていた作業をロボットにやらせれば、人件費の削減が可能に

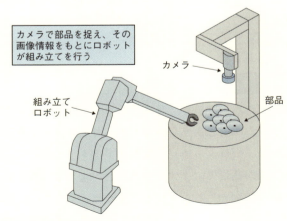

図0-8●カメラを利用した組み立てロボット

なります。その上、コンピュータは人間のように疲れを知りませんし、作業する人の体調や能力などによって、処理の結果が異なってしまうこともありません。

このようなメリットが得られることから、今後もますます画像処理を活用して高度な作業が行える装置が開発されていくことでしょう。

(4) 自動車の安全技術

自動車のシートベルトやエアバッグは衝突後の安全対策ですが、最近は事故の発生を未然に防ぐための安全技術がより重要となっています。

たとえば、カメラで障害物を検知すると自動的にブレーキを作動して停止するシステムや、意図せずに走行車線を外れてしまいそうなときにドライバーに注意を促し、車線中央をキープするシステムなどに画像処理技術が使われています。将来的に普及すると考えられるAIを用いた自動運転技術にも、画像処理技術は不可欠なものとなっています。

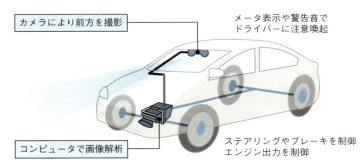

図0-9 ●画像処理による自動車の安全技術

(5) 事務機器

オフィスでも、様々な場面でデジタル画像処理が役に立っています。たとえば、コンピュータで図面を作成したり、作成した図面をデータベースに保存して管理し、あとから検索するといったところで、画像処理技術が役に立ってい

ます。最近のコピー機は、デジタル画像処理を使って、すばやくきれいなコピーを取ることができるようになっています。

　それ以外にも、紙の書類をスキャナなどでコンピュータに取り込んで、文字を自動認識させて管理するといったこともできます。最近では、テレビ会議システムなどもよく使われていますが、これにもデジタル画像処理技術が活用されています。

図0-10●テレビ会議システム

(6) 医療分野

　医療の分野では、昔からX線写真や顕微鏡などの画像による診断が行われており、画像処理技術が活用されてきました。

　集団検診による細胞の診断などでは、大量の画像の診断が必要になりますが、人間がこれをすべて行うのには限界があります。そこで、デジタル画像処理を使って、自動的に正常細胞かそうでないかを診断する技術が開発されています。

　また、X線CTや超音波CTを使って、人体内部の画像を表示できるようになったことで診断技術が飛躍的に発展しました。

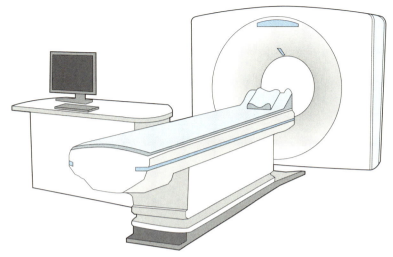

(a) X線CT装置

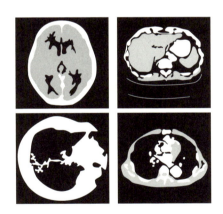

(b) 人体の断面画像

図0-11 ●X線CT

(7) 放送・映画

　放送や映画の分野では、もちろん画像処理技術がいたるところで使われています。たとえば、別々のところで撮影された画像を合成したり、顔や物体を変形させたりといった特殊効果の分野で、デジタル画像処理が活躍しています。

　これまではスタントマンを使っていた危険なアクションシーンや、模型などを使って撮影していた特殊効果なども、最近ではリアルなコンピュータグラフィックスを使って実現できるようになっています。

(8) 天文宇宙分野

　天文宇宙の分野では、古くから画像処理が活用されてきました。天体望遠鏡や電波望遠鏡により得られた画像は、そのままでは暗すぎたりノイズが多すぎて解析に使えない場合が多いのです。

　これもデジタル画像処理を活用することで、画像を鮮明にしたり特徴を際だたせたりといったことが可能になります。

　また、人工衛星から送られてきた気象情報や資源情報の計測や解析などにも役立っています。

(9) その他

　最近のセキュリティに対する意識の高まりに対応して、指紋や顔などの画像から個人を識別する技術や、監視カメラによる人物の自動認識・追跡システムが開発されていますが、ここにも画像認識の技術が使われています。

　また科学技術の分野では、画像を使って物理現象の計測を行ったり、計算された結果を分かりやすく表示するための可視化などに、画像処理技術が使われています。

　このように、画像処理は様々な分野で役に立っています。

Chapter 1

画像の基礎

Chapter 01 画像の基礎

1-1 デジタルカメラと画像のデジタル化

　デジタルカメラは、撮った画像をその場ですぐに確認でき、いらない画像を消したり、簡単に画像を加工したりできるなど、かつて使われていたフィルム式のカメラ（アナログ式）に比べて、多くの利点を持っています。

　デジタルカメラの構造は、図1-1に示すように基本的にフィルム式のカメラと同じです。違うのは、デジタルカメラでは、フィルムの代わりに**CCD**（Charged Coupled Device）や**CMOS**（Complementary Metal Oxide Semiconductor）などのイメージセンサ（撮像素子）を使い、画像をデジタル情報として取り込むところです。

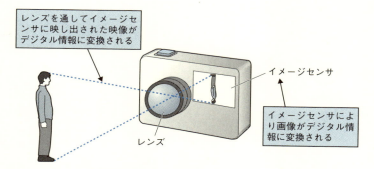

図1-1●デジタルカメラの構造

　自然界の画像情報は、先に述べたように、もともとアナログ量です。したがって、デジタルカメラで画像を保存したり処理するためには、まず画像をデジタル情報に変換して表現する必要があります。

　このような、アナログ信号からデジタル信号への変換を、**A-D変換**（Analogue to Digital conversion）といいます。A-D変換には、図1-2に示すように、**標本化**と**量子化**の2つのステップにより実行されます。

　以下では、それぞれのステップについて説明します。

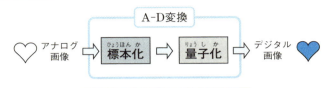

図1-2●A-D変換の手順

標本化

6ページで説明したように、デジタル画像は、**画素**と呼ばれる小さな点の集まりによって表現します。画素の一つ一つは、単なる色の点にしかすぎませんが、これがたくさん集まることで、画像を表現できるわけです。

標本化とは、本来は滑らかなアナログ量である画像情報を、このような画素の配列に変換することを言います。

画素を、横方向にN個、縦方向にM個配置したとき、その画像を「N×M画素の画像」あるいは「N画素×Mラインの画像」と呼びます。標本化を行うときの最大の問題は、「画素の数をいくつにするか」ということです。

図1-3(a)～(d)に、画素数を256×256画素～32×32画素の範囲で変化させた場合の例を示します。

(a) 256×256画素

(b) 128×128画素

(c) 64×64画素

(d) 32×32画素

図1-3●画素数を変化させた画像の例

これを見ると、(a)の256×256画素では問題ないレベルですが、(b)の128×128画素になると多少ギザギザが目立ってきます。さらに(c)の64×64画素で

は、少し不鮮明となります。(d)の32×32画素では、モザイク状の画像になってしまいます。

このように、標本化の間隔の取り方が粗い場合、時として元の画像には存在しないはずの模様や、ノイズなどが生じることがあります。これを**エリアシング**（aliasing）といい、画質を劣化させる原因となります。このような場合には、**アンチエリアシング**と呼ばれる処理を使って、エリアシングの影響を小さくすることができます。これらの詳細については、7章で詳しく述べます。

画素数

画素数が問題になるのは、もちろんデジタルカメラだけではありません。たとえば、**デジタルハイビジョン放送**は、従来のアナログ放送に比べて、格段に精細できれいな映像を楽しむことができます。従来のアナログ放送に対応する標準解像度（SD：Standard Definition）は、720×480画素に相当します。これに対してデジタルハイビジョン（HD：High Definition）は、1920×1080画素です。だいたい34万画素から200万画素に増えたことになります。

また、さらに画素数を増やした超高精細テレビ（UHD：Ultra High Definition）の規格もあり、その中には**4K**と**8K**の2つがあります。この「K」は横（水平）画素数が約1000画素あるという意味です。現行のデジタルハイビジョンは2K（横画素数1920画素＝約2000画素＝2K画素）に相当します。4Kは横方向に3840画素（＝約4000画素＝4K）、8Kは7680画素（＝約8000画素＝8K）あります。画素数でいえば、4Kは現行ハイビジョンの4倍（約800万画素）、8Kは同じく16倍（約3,300万画素）となります。このように画素数で比較すれば、超高精細テレビがいかに精細な画像を表現できるのかが理解できます。

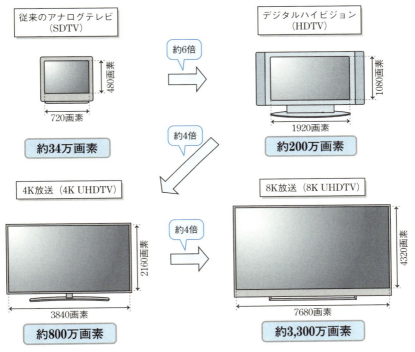

図1-4●アナログテレビとデジタルハイビジョンの画素数比較

　また、パソコンの表示画面も見やすいものにするために、年々大型化が進んでいます。Windowsパソコンの場合、基本はVGAと呼ばれる640×480画素の画面でしたが、これは小さすぎて、もうほとんど使われません。最近は、1280×1024画素のSXGA以上の画面が一般的です。スクリーンにパソコンの映像を映し出すプロジェクタでも、どの解像度まで対応しているのかがよく問題になります。

　表1-1にこれらの解像度についてまとめて示します。なお、人工衛星から得られる画像は、特殊な用途のため、かなり高い解像度の画像が使われています。これらも比較のため併せて表に示します。

表1-1●デジタル画像を扱う装置とその画素数の例

画像表示装置		横画素数×縦画素数	画面当たりの画素数
テレビ画像	標準解像度（SDTV）	720×480	約34万画素
	デジタルハイビジョン（HDTV）	1920×1080	約200万画素
	4K放送（4K UHDTV）	3840×2160	約800万画素
	8K放送（8K UHDTV）	7680×4320	約3,300万画素
パソコンおよびプロジェクタの表示画像	VGA（Video Graphics Array）	640×480	約30万画素
	SVGA（Super VGA）	800×600	48万画素
	XGA（eXtended Graphics Array）	1024×768	約78万画素
	SXGA（Super XGA）	1280×1024	約130万画素
	UXGA（Ultra XGA）	1600×1200	約190万画素
	QXGA（Quad XGA）	2048×1536	約300万画素
	WQHD（Wide Quad-HD）	2560×1440	約370万画素
衛星画像	LANDSAT	3240×2340	約758万画素
	合成開口レーダ	約8000×8000	約6,400万画素

座標をとる

標本化された画像について、図1-5のように座標をとると、任意の画素の座標は (i, j) で表されます。ふつうグラフでは左下を原点にとりますが、画像の場合はコンピュータの処理が通常左上の画素から順番に行われる関係で、多くの場合左上を原点にします。

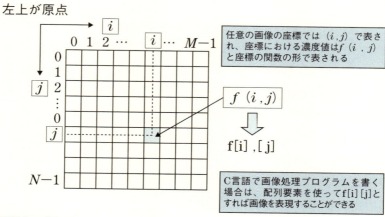

図1-5●画素の座標系

標本化された画像のそれぞれの画素は、画像の明るさに相当する値である**濃度値**（**階調値**または**輝度値**とも呼ばれます）を持っています。

ここで、座標 (i, j) で示される画素における濃度値は、$f(i, j)$ のように、座標の関数の形で表すことができます（コンピュータで画像処理プログラムを書く場合は、配列要素を使って、f［i］［j］として画像を記録することができます）。

以上の説明では、図1-6(a)のように、画素が碁盤の目状に並んだ場合のみについて考えました。このような並び方を正方形格子といいます。

しかし、このような画素の配列をとった場合、上下左右の画素同士の距離と斜め方向の画素同士の距離が異なってしまいます。ほとんどの場合、このことは問題にはならないのですが、厳密に画像を記録したり解析したりする場合、問題が生じることがあります。

そこで、上下左右でも、斜め方向でも画素同士の距離が等しくなるような画素配置として、図1-6(b)に示すような正六角形格子（ハニカム）と呼ばれる配置が考えられています。デジタルカメラの中には、このような画素配置で画像を記録するCCDが使われているものもあります。

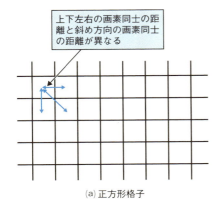
(a) 正方形格子

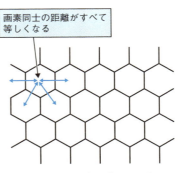
(b) 正六角形格子（ハニカム）

図1-6●画素の配置の例

1-2 量子化のしくみ

前項では、A-D変換の最初のステップである標本化について述べましたが、アナログからデジタルに変換する次のステップとして、量子化が必要になります。ここでは話を分かりやすくするために、色のないモノクロ画像の場合を考えてみましょう。

アナログ画像の場合、画素の明るさは、黒から白までのどんな中間の明るさでも表すことができます。ところが、デジタル画像では、表示できる明るさの段階が、とびとびとなっていて、その中間の明るさを表現することができません。

たとえば、デジタル画像の画素の明るさの段階を8段階で表現した場合は、それぞれ明るさを0〜7の8通りの数値で表現することになります。このとき、たとえば1の明るさと2の明るさの中間の明るさは表現できません。つまり、1にするか2にするかのどちらかにする必要があるのです。

このように、本来は連続的な量を、離散的な（とびとびの）値におきかえる処理が量子化です（図1-7）。

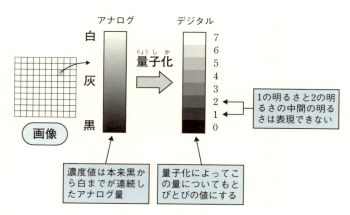

図1-7●量子化

量子化された濃度値のことを、量子化レベル（階調とも呼ばれます）といい、コンピュータ内部では、これを0と1の並びである2進数や多進符号（符号数（コード）とも呼ばれます）などで表現します。

　このように量子化された値を、符号数に変換する処理を符号化（エンコード、Encode）といいます。また、符号化された信号から元のデータを復元することを復号化（デコード、Decode）といいます。

2進数で表す

　通常コンピュータ内では画像の濃度値は2進数で表現されます。ここで、2進数のしくみについて簡単に見ておきましょう。

　私たちがふだん、数をかぞえるのには、0〜9までの数字を使う10進数を用います。

　一方、2進数では、1つの桁が0と1の2通りしかないので、「0」、「1」と数えて次は、10進数なら「2」がくるのですが、2進数では桁が繰り上がって「10」となります。同じようにして、10進数の「3」は「11」、「4」は、また一桁あがって「100」となります（図1-8）。

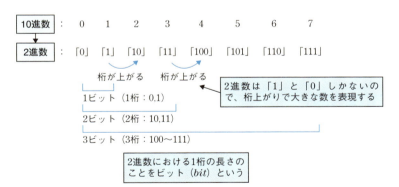

図1-8●10進数と2進数との対応関係

2進数における1桁の長さのことを、**ビット**（bit）といいます。このビット数が大きいほど、大きな数を表現できるので、明るさの段階をどんどん増やすことができます。

　たとえば、4ビットでは16段階、8ビットでは256段階となります（図1-9）。ビット数をnとすると、表現できる段階の数は2のn乗（2をn回かけた結果）となります。

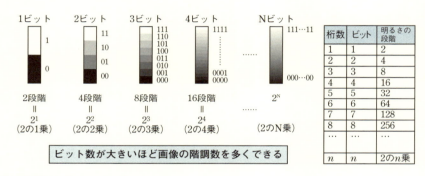

図1-9●ビット数と階調数

　階調数が1ビット、つまり0（黒）と1（白）の2つの値しかとらない場合を**2値画像**（binary image）といいます。白と黒の2つの色しか使わない階調のない画像は、2値画像というわけです。これに対し、2ビット以上の画像は、多値画像あるいは濃淡画像と呼びます。

量子化と画質

　ここで、量子化と画質の関係についてみてみましょう。アナログ画像を量子化すると、元の画像との間に誤差が生じます。この誤差のことを、量子化誤差あるいは量子化雑音と呼びます。

　量子化誤差を小さくするには、階調数を大きくとればいいのですが、データ量は増えてしまいます。データ量を減らそうとして、階調数を減らすと、こんどは画質が悪くなるので、用途に応じて最適な階調数をみつけることが大切になります。

階調数を減らした場合、本来は濃淡が滑らかに変化しているはずの部分で、濃淡に段差を生じてしまうことがあります。このとき、擬似的に輪郭が生じて見えるため、これを**疑似輪郭**または**疑似エッジ**といいます。図1-10は、階調数を64、16、4、2と変えた場合の例です。

(a) 64レベル　　(b) 16レベル　　(c) 4レベル　　(d) 2レベル

図1-10● 階調数を変化させた画像の例

　図の(a)の画像は問題ないレベルですが、(b)では疑似輪郭がわずかに生じます。(c)になると疑似輪郭がかなり目立ちます。(d)では画像がつぶれて、かなり不鮮明となります。このように階調数を減らすほど、疑似輪郭がはっきりと現れることが分かります。

　疑似輪郭の発生を低減するためには、ディザ法と呼ばれる方法を使うのが効果的です。これについては、88ページで詳しく述べます。

Chapter 2
カラー画像のしくみ

Chapter 02 カラー画像のしくみ

2-1 色を捉える視覚のしくみ

白色光と単色光

　前項までの説明では、話を簡単にするために、モノクロ画像のデジタル表現について説明しました。以下では、カラー画像について考えてみましょう。まずはその準備として光と色の関係について見てみることにします。

　私たちが目にする光は、電磁波の一種です。太陽の光は白色光ですが、これにはいろいろな波長の光が混ざっています。雨が降ったあとに見られる虹は、太陽からの白色光が空気中の水の粒子などで屈折されて、白色光に含まれる様々な色が分かれて現れたものです。

　同じことは、プリズムを使っても可能です。プリズムに白色光を当てると、光の波長によって屈折率が異なるため、色によって屈折の仕方がわずかずつ違って、図2-1のように虹色が現れます。

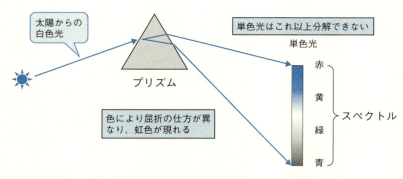

図2-1●太陽の光をプリズムで分解すると単色光になる

　これを**スペクトル**といいます。このとき分解されたそれぞれの色は、単一の波長を持ち、単色光と呼ばれます。単色光をプリズムに通しても、もうこれ以

上他の色には分解できません。これは単色光が、単一の波長を持った光だからです。

表2-1に、単色光の色と波長との関係を示します。ただし、波長の単位のnm（ナノメートル）は、100万分の1ミリメートルです。これは同じ電磁波とはいっても、テレビやラジオなどの通信に使われる電磁波の波長と比べるとかなり短いといえます。

表2-1 ● 単色光の色と波長との関係

色	波長（nm）
青みがかったすみれ	380〜430
すみれがかった青	430〜467
青	467〜483
緑がかった青	483〜488
緑	488〜493
黄みがかった緑	493〜498
緑	498〜530
黄みがかった緑	530〜558
黄緑	558〜569
緑がかった黄	569〜573
黄	573〜578
黄みがかったオレンジ	578〜586
オレンジ	586〜597
赤みがかったオレンジ	597〜640
赤	640〜780

これらの単色光をすべて同じ割合で混ぜあわせると、**白色光**になります。また、380nmよりも短い波長の電磁波は紫外線、780nmよりも長い波長の電磁波は、赤外線となり、人間の目では見ることはできません。

どうやって色を判断するのか

そもそも人間の目は、どのようにして色を感じているのでしょうか。人間の目の映像を捉える部分である網膜には、**錐体**（すいたい）と**桿体**（かんたい）という光を感じる2種類の細胞があります。錐体は色を感じる細胞で、桿体は薄暗い場合に光の明暗を感じる細胞です。

色を感じる錐体には3種類の細胞があり、赤（R：Red）、緑（G：Green）、

青（B：Blue）のそれぞれの色に特に強く反応します。図2-2は3種類の錐体細胞が、単色光の波長に対して示す感度の大きさをグラフにしたものです。

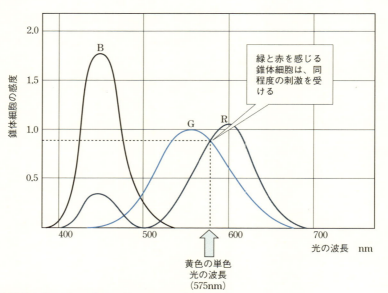

図2-2●錐体細胞が光の波長に対して示す感度の大きさ

　Rの錐体細胞は赤（600nm）の光に、Gの細胞は緑の光（546nm）に、Bの細胞は青の光（436nm）にそれぞれ最も強く反応を示します。もちろん3つの錐体細胞は、他の色の波長にも反応し、それぞれの反応の大きさの割合で脳が色を感じ取っているのです。

　たとえば、575nmの波長を持つ黄色の単色光が目に入ったときには、B（青）の細胞はほとんど反応せず、R（赤）とG（緑）の細胞がほぼ同じ割合で反応しますが、脳はこのときに「黄色」であると判断するのです。

　では、R（赤）の単色光とG（緑）の単色光を、同じ割合で混ぜ合わせた光が目に入ったときはどうなるでしょうか。

　じつは、R（赤）とG（緑）の細胞がほぼ同じ割合で反応するので、脳はこの場合も「黄色」だと判断します。しかも、人間は、この黄色を見て、単色光

の黄色なのか、RとGが混ざった黄色なのかを区別することができないのです。このように、色というのは**RGB**（赤・緑・青）のそれぞれの刺激の強弱によって、脳が判断しているものなのです。

したがって、RGBの光を適当な割合で人工的に混合（これを混色といいます）してやれば、人間の目に感じるすべての色を作り出すことができるはずです。このRGBの3色を色光の**三原色**といいます。テレビやコンピュータの画面では、これらの基本色を混合することで、様々な色を作り出しているのです。

なお、人間の目に見える色は、単色光だけではありません。たとえば、茶色やピンク色に相当する単色光は存在しません。これらの色は、単色光を混合した色なのです。図2-3に、色光の三原色を混合してできる色を示します。

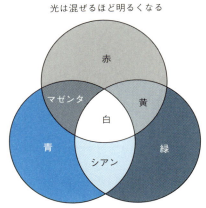

図2-3●色光の三原色（加法混色）

このように、色の光を混ぜ合わせて別の色をつくることを**加法混色**と呼びます。当然ですが、色光はたくさん重ねるほど明るくなります。また、RGBの3色を混色すると白色となります。

なお、白色、灰色、黒色のように、色味のないものを**無彩色**といい、赤や緑のように色味をもった色を**有彩色**といいます。

2-2 カラー印刷と三原色

　コンピュータやテレビの画面は、光を発するタイプのディスプレイですので、RGBの三原色を組み合わせて色を表現しています。それでは、プリンタなどでカラー印刷をする場合はどうでしょうか。

　光の場合とは違って、インクの場合は、色を混ぜるほど暗い色となります。ですから、RGB（赤・緑・青）のインクを用意して、混ぜ合わせても白色にはなりません。カラー印刷のしくみについて理解するためには、まずインクの色がどのようにして見えるのかということを知る必要があります。

　ここで、図2-4(a)のように、黄のインクに「赤＋緑＋青」の光を混ぜてつくった白い光をあてることを考えてみましょう。黄のインクは、じつは青い光を吸収する働きをします。このときインクの表面で、残りの「赤＋緑」の光が反

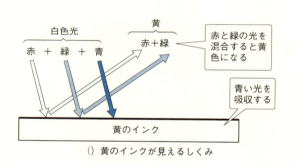

(a) 黄のインクが見えるしくみ

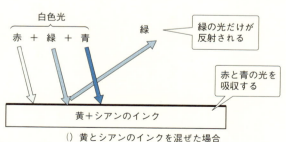

(b) 黄とシアンのインクを混ぜた場合

図2-4●インクの色が見えるしくみ

射されます。図2-3の光の三原色をみると、「赤＋緑」の光の色は「黄」になることがわかります。

次に、図2-4(b)のように「黄とシアン（青緑）」のインクを混ぜる場合を考えてみましょう。シアンは、赤の光を吸収するので、この場合は、緑の光だけが反射されることになります。したがって「黄とシアン」のインクを混ぜると、緑になることがわかります。

以上のように、インクの場合は、混ぜ合わせるほど反射される色光が減っていくことが分かります。このためこれを**減法混色**といいます。インクの場合は図2-5に示すように、RGB（赤・緑・青）の代わりに、**シアン（C：Cyan）**、**マゼンタ（赤紫）（M：Magenta）**、**黄（Y：Yellow）**を三原色として使います。

シアン、マゼンタ、黄をすべて混ぜ合わせると黒になるはずなのですが、実際には焦げ茶色となり、完全な黒にはなりません。理想的なインクを作るのは難しいため、通常は、シアン（C）・マゼンタ（M）・黄（Y）に加えて黒（K）のインクも使い、**CMYK**の4色刷でカラー印刷を行います。

なお、黒の省略がKになるのは、Blackの頭文字を取るとBlue（青）のBと区別がつかなくなるので、Blackの最後のKを使うことにしたからです。また、最近のインクジェットプリンタでは、CMYKにさらに明るさの異なるインクを追加して、写真画質の微妙な色合いを表現しています。

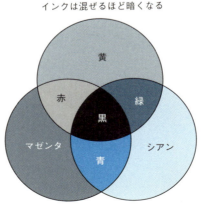

図2-5 ●インクの三原色（減法混色）

2-3 色を数値で表現する

マンセル表色系

　前項では、人間の視覚がどのように色を捉えているのかという話をしましたが、色の見え方は、実際には様々な条件によって大きく変化します。

　たとえば、太陽光の下で見た服の色と、家の中で蛍光灯の下で見た服の色が違って見えるということがよくあります。これは、光源の種類によって色の見え方が異なるということです。

　また、対象物を見る角度や大きさ、また背景の色や明るさによっても色の見え方が違ってきます。さらに、色を判断する人間の目の感度にも個人差があり、観察者によって色の見え方が異なる場合もあります。

　このように、条件によって異なってしまう微妙な色合いをなんとか確実に伝えあうために、様々な人が色を定量化して、数値により表す方法を開発しています。

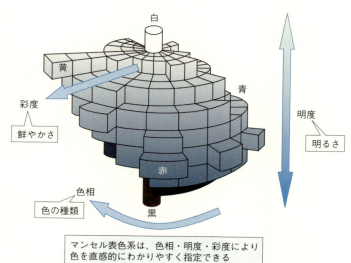

図2-6●マンセル表色系

たとえば、1905年米国の画家A.H.マンセルは、**色相（hue）**、**明度（brightness）**、**彩度（chromaticness）**で色を分類して、図2-6のように表現する方法を考案しました。ここで、色相は色の種類を、明度は明るさを、彩度は色の鮮やかさをそれぞれ表します。このように色を定義する体系のことを**表色系**といいます。

マンセル表色系の中心の軸は、色のないグレースケールで、外側に行くほど鮮やかな色になり、上に行くほど明るくなります。全体がいびつな形をしているのは、色によって特有の明るさや鮮やかさが異なるからです。マンセル表色系は、色を直感的にわかりやすく指定できるという特長があります。

XYZ表色系

色や光に関しての様々な国際的な取り決めを行う機関として、**国際照明委員会（CIE：Commission International de l'Eclairage）**が組織され、1931年に**XYZ表色系**が制定されました。XYZ表色系では、30ページで述べたRGBの代わりに、仮想的な三原色であるXYZを使います。次のような変換式を使えば、RGBから簡単にXYZの値を求めることができます。

$$\begin{cases} X = 0.478R + 0.299G + 0.175B \\ Y = 0.263R + 0.655G + 0.081B \\ Z = 0.020R + 0.160G + 0.908B \end{cases} \quad (2.1)$$

上記のXYZの3つの値を加えた、$S = X + Y + Z$を刺激和といいます。XYZのそれぞれの値をSで割ったものを、以下のようにx、y、zで表します。

$$x = \frac{X}{S} \quad y = \frac{Y}{S} \quad z = \frac{Z}{S}$$

このときの(x, y, z)を色度座標といいます。この(x, y, z)を使っても、任意の色を指定することができますが、(X, Y, Z)の代わりに(Y, x, y)を用いても指定できます。ただし、Yは明度、xは色相、zは彩度を表しています。ここで、明るさYをある値に固定すれば、すべての色は、(x, y)だけで

指定できることになります。これを使えば、すべての色は、図2-7に示すような**色度図**と呼ばれる色分布により表されます。

色度図の中で、つりがね状の曲線が単色光を表し、左下から右回りに周波数が高くなる順に並んでいます。この線を**スペクトル軌跡**といいます。スペクトル軌跡で囲まれた部分は、混ぜ合わされた色になり、すべての色を混ぜ合わせた白が中心にきます。

パソコンやテレビのディスプレイでは、すべての色を表現できるわけでなく、ディスプレイやカラープリンタの種類によって、表現できる色の範囲が異なっています。したがって、カラー画像の出力結果は、その出力装置の性能に大きく依存するのが現状です。色度図は、ディスプレイやプリンタが、どの範囲の色まで出力できるのかを比較する場合にもよく使われています。

たとえば、ハイビジョン放送（147ページ参照）ではBT.709（正式にはITU-R BT.709）という規格が採用されていますが、これは自然界に存在する

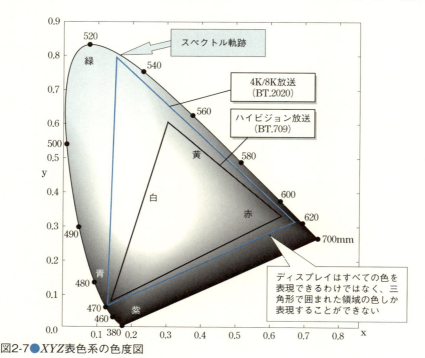

図2-7●*XYZ*表色系の色度図

色の約74.4％を再現できます。一方、4K/8K放送（18ページ参照）やUHD BD（160ページ参照）では、BT.2020（正式にはITU-R BT.2020）という規格が採用されています。この規格では約99.9％と、ほぼすべての色を再現できるようになっています。それらの規格で表現できる色の範囲は図2-7の三角形で囲まれた範囲で示すことができます。

L*a*b*表色系

　また、国際照明委員会では、1976年にはL*a*b*表色系を制定しました。これは、明度をL*、彩度をa*、色相をb*で表したもので、現在最も広く使われている表色系です。図2-8に、明度L*を固定した場合のL*a*b*表色系の色度図を示します。

　この図のようにa*とb*は、色の方向を示していて、a*は赤の方向、−a*は緑の方向、b*は黄の方向、−b*は青の方向をそれぞれ示します。数値が大きいほど色の鮮やかさが増し、中心へいくほどくすんだ色になります。なお、上記以外にも様々な表色系が提案されており、用途に応じて使い分けられています。

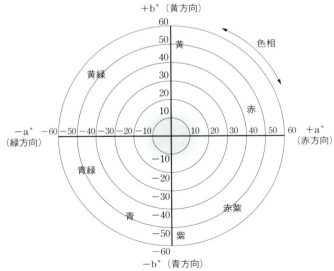

図2-8 ● L*a*b*表色系の色度図

カラーマネージメント

　カメラ、ディスプレイ、プリンタ、スキャナ、プロジェクタをはじめとするカラー映像機器では、RGBやCMYKといった機器に固有の色空間を持っています。このため、映像機器の種類によって色のイメージが異なってしまうという問題がよく起こります。そこで、こういったことが起きないよう、映像機器どうしで、色空間を比較して整合性を取る必要があります。

　ところが、様々な種類の映像機器があるため、機器ごとに個別に色の対応関係を取るのは大変なことです。また、機器どうしで色合わせを繰り返していくうちに、色のイメージが本来のものから変化してしまう可能性もあります。

　そこで図2-9のように、機種ごとの色空間をいったん標準的な表色系に変換しなおし、そこで色の対応関係を取り、別の機器に持っていくときには、その機器固有の色空間に変換して表示するということが行われるようになりました。

　このような色の管理を行うシステムを**カラーマネージメントシステム**といいます。また、そのための標準の色空間として、先に述べたL*a*b*表色系がよく使われています。

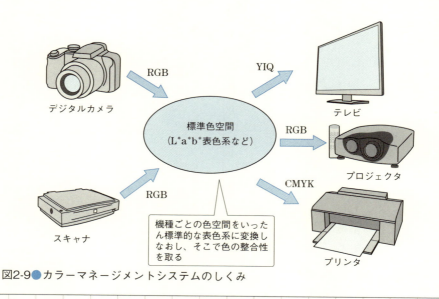

図2-9●カラーマネージメントシステムのしくみ

なお、ビデオなどの動画像の世界では、従来はブラウン管の特性をもとに決められたsRGB（ITU-R BT.709とほぼ同じ）と呼ばれる色空間が使われていましたが、表現できる色の範囲が狭いため、最近ではx.v.Color（正式にはxyYCC）と呼ばれる色空間も使われています。

2-4 カラー画像のデジタル化

　色のしくみについて理解できたところで、いよいよカラー画像のデジタル化について見てみることにしましょう。16ページの図1-1で、イメージセンサにより画像がデジタル画像に変換されるという話をしましたが、カラー画像はどのようにデジタル化されているのでしょうか。ここではCCDを例にとって見てみましょう。

　CCD上には、碁盤の目のように受光素子が並んでいます。それぞれの受光素子は、入ってきた光の強さに比例した電圧を発生し、これにより入ってきた光の強さを電気信号に変換することができます。

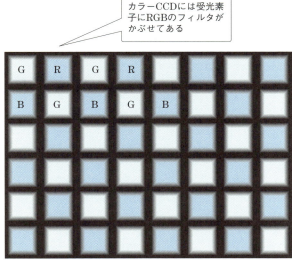

図2-10●カラーCCDの受光素子

じつは、CCDの受光素子自体は明るさは読み取れますが、色を読み取ることができません。そこで図2-10のように、CCDの受光素子の上にR（赤）、G（緑）、B（青）のそれぞれのフィルタを適当な配置で交互にかぶせます。このRGBのフィルタの配置は、CCDの機種によって様々なパターンがあります。また、人の目は緑の成分に対する感度が高いため、通常は緑の成分をより多く取り込むことができるような配置となっています。

　以上のように、カラー画像では、RGBの成分に分解して記録します。なお、カメラによっては、図2-11のように、レンズから入ってきた画像をプリズムでRGBの3つに分けて、各色でコーティングした3つCCDで記録する方法もあります。

　これを3CCD方式といい、色の再現性が高く、にじみなどが少ないきれいな画像が得られるという特長があります。デジタル化されたカラー画像は、このようにRGBの3つのモノクロ画像を重ね合わせたものだといえます。

　これを各画素について見れば、図2-12のように1つの画素に、RGBのそれぞれに対応する濃度値の情報を持たせればよいことになります。

　いま、RGBそれぞれが8ビット（3つの合計24ビット）の濃淡情報を持っている場合を考えてみましょう。このとき、R、G、Bのそれぞれの色は、2^8つま

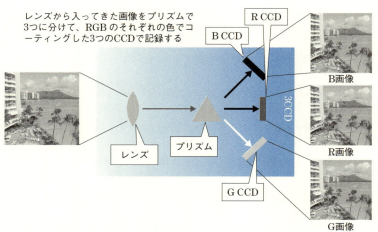

図2-11●3CCD方式のしくみ

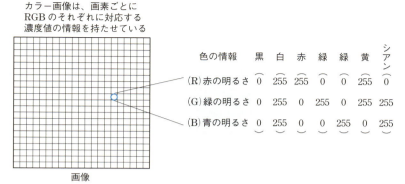

図2-12● カラー画像の表現

り256段階の濃度値をとります。数値でいえば0〜255の値をとります。

いま、ある画素の値を（R, G, B）の濃度値で表現するとすれば、黒は（0, 0, 0）最も明るい白は（255, 255, 255）となります。また、赤は（255, 0, 0）、緑は（0, 255, 0）、青は（0, 0, 255）となります。さらに、黄なら（255, 255, 0）、シアンなら（0, 255, 255）といった具合になります。このように、RGBのそれぞれの明るさの組み合わせにより様々な色を表現することができます。

では、この場合では何種類の色を表現できるのでしょうか。RGBのそれぞれが256段階ですので、色の組み合わせは、256×256×256＝16,777,216色（約1677万色）となります。これだけの階調数があれば、自然なカラー画像を表現できます。このため、この場合をフルカラー画像（あるいはトゥルーカラー画像）といいます。

ところで、コンピュータでカラー画像を扱う場合は、20ページで述べたモノクロ画像の場合をRGBのそれぞれにあてはめて、3つの配列要素を使って、$r[i][j]$、$g[i][j]$、$b[i][j]$、として記憶させることができます。そしてフルカラー画像の場合、$r[i][j]$、$g[i][j]$、$b[i][j]$ の配列の大きさは、それぞれ8ビットずつになります。

しかしこの場合、1画素の情報を読み出すために3つの配列を呼び出す必要があり、処理に時間がかかってしまうという欠点があります。

そこで、上記の3つの配列の濃度値を1つの配列にまとめ、$f_{rgb}[i][j]$ のよう

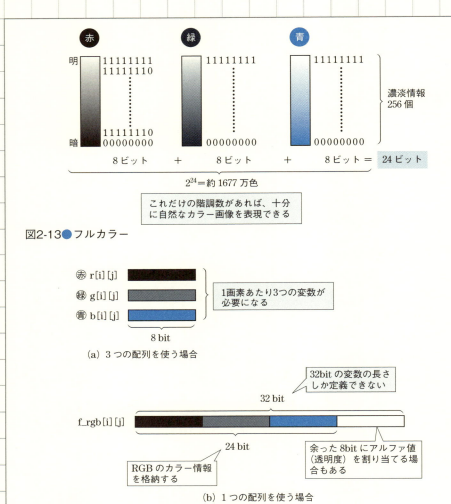

図2-13● フルカラー

図2-14● コンピュータ内部でのカラー画像の扱い

に表現すれば、1画素のデータを1回で呼び出すことができます。

　このときの配列 $f_{rgb}[i][j]$ の大きさは、普通に考えれば24ビットになるはずですが、実際には32ビットの配列を用意して、そのうちの24ビット分を使うのが一般的です。

　その理由は、コンピュータで処理するメモリ領域のビット数が、8ビット、

16ビット、32ビット、64ビットといった大きさに限られているためです。このため、コンピュータでは、通常24ビットの大きさをもつ配列がないのです。

32ビットのうち24ビットしか使わないと、残りの8ビットが無駄になってしまいます。そこで、画像処理のソフトウェアによっては、ここにアルファ値と呼ばれる画像の透明度に関する値を割り当てて、半透明処理に利用することがあります。

画像処理ソフトウェアを使って背景画像に対して別の画像を重ね合わせた場合、アルファ値を使うことで、背景の色をまったく通さない完全な不透明から背景を完全に透過する無色までを設定できます。これを**32ビットカラー**と呼ぶ場合もありますが、実質的に表現できる色の種類は、上記で述べた24ビットカラーと同じになります。

ディープカラー

以上で説明した24ビットカラー（フルカラー）は、アナログのCRTディスプレイで表示する限りは自然な階調表現が可能でしたが、最近の薄型テレビでは、24ビットの色情報では足りなくなってきています。

これは、CRTの場合は、145ページで述べるように、電子ビームをアナログ的に走査して表示する原理上、隣同士の画素の階調差が現れにくかったのですが、薄型テレビは画面が大きく、なおかつ各画素が完全に独立しているので、階調がなめらかに変化している部分でも、25ページで述べた擬似輪郭が生じやすくなるからです。

そこで、RGBそれぞれをフルカラーの8ビットから、10ビットあるいは12ビット、16ビット（トータルでは、30ビット、36ビット、48ビット）と増やしてやることで、最新の薄型テレビでも自然な階調表現ができるような拡張がされつつあります。これは**ディープカラー**（Deep Color）と呼ばれます。

データ量を減らす工夫（インデックス方式）

カラー画像の画像データでは、通常図2-15(a)のように、1画素ごとに濃度値を割り当てますが、一般的な画像ではたとえば1677万色が表示可能であっても、

実際にはすべての色が使用されることはまずありません。つまり、よく使われる色とそうでない色が存在するわけです。

そこで、まずその画像によく出てくる色を、カラーテーブル（あるいはパレット）と呼ばれる表に記録しておきます。そして、図2-15(b)のように、RGBを使う代わりに、色番号（パレット番号）を割り当てます。もちろんこの表にない色が出てくることもあるのですが、その場合にはカラーテーブルの中からできるだけ近い色を選ぶことにします。

このようにすれば、RGBの濃度値を数値で記憶する代わりに、色番号だけを記憶しておけばいいので、データ量をかなり減らすことができます（カラー

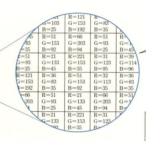

（a）通常の画像表現

- 1画素ごとにRGBの濃度値が割り当てられている
- 画像によってよく使われる色とそうでない色が存在する
- そこで
- その画像によく出てくる色をカラーテーブルに記録しておく

カラーテーブル	
番号	(R,G,B)
0	(254, 250, 255)
1	(242, 247, 250)
2	(221, 220, 2100)
3	(205, 193, 216)
⋮	
254	(3, 9, 4)
255	(0, 0, 255)

濃度値のかわりにカラー番号を割り当てる

カラー番号だけを記録すればよいのでデータ量を減らすことができる

（b）インデックス方式による画像表現

図2-15●インデックス方式のしくみ

テーブルも画像と一緒に記憶する必要はありますが、それ自体はたいしたデータ量ではありません)。この画像記録の方法は、インデックス方式と呼ばれ、広く使われています。

カラーをモノクロへ変換するYIQ

デジタル画像処理で画像の認識処理などを行う場合、カラー画像をいったんモノクロ画像に変換してから、認識のための処理を行うことがよくあります。モノクロ画像は、データ量も少ないため処理が高速にできるからです。

では、カラー画像をモノクロ画像に変換する場合は、どのようにすればよいのでしょうか。

カラー画像は、RGBの3つのモノクロ画像の重ね合わせなので、RGBのいずれかの1枚をモノクロ画像として使ってやるというのも一つの方法ですが、この場合は十分な画質が得られるとは限りません。

そこで使われるのが、RGBからYIQへの変換です。YIQというのは、輝度信号であるYと色差信号であるIとQを使ってカラーを表現する方法です。ここで、輝度信号Yがモノクロ画像に相当し以下の式で求められます。

$$Y = 0.299R + 0.587G + 0.144B \quad (2.2)$$

つまり、この式を使えば、カラー画像をモノクロ画像に変換できるわけです。なお、IとQは以下の式で求められます。

$$\begin{cases} I = 0.596R - 0.274G - 0.322B \\ Q = 0.211R - 0.523G + 0.312B \end{cases} \quad (2.3)$$

上記のYIQ信号は、日本やアメリカのアナログテレビ放送の方式であるNTSC (National Television System Committee standard) で使われています。

暗視カメラのカラー化技術

　暗視カメラは、人間にはほとんど何も見えないような暗い場所でも撮影が可能な特殊なカメラです。最近のイメージセンサは感度が非常に高くなったため、わずかな自然光であってもカラー映像を映し出せるものもあります。このような暗視カメラをパッシブ方式といいます。ただし、完全に光が存在しないような真っ暗闇では、さすがに超高感度カメラでもカラー撮影は不可能です。

　これに対して、アクティブ方式といわれるタイプの暗視カメラでは、人間には見えない赤外線（正確には波長が0.7〜2.5μmの近赤外線）のライトを照射して赤外線の反射光を捉えます。ここで使われる赤外線では光の強弱しか捉えることができず、通常はモノクロ映像しか得られません。ところが、よく調べてみると赤外線のわずかな波長の違いにより、色の種類によって反射強度が異なることが分かってきました。つまり、赤外線領域でも可視光の三原色（31ページ参照）に対応する情報が見つかったのです。この情報をうまく使うことで、赤外線を使った暗視カメラでもカラー映像を再現できる技術が開発されています。

　なお、人体のようにある程度の温度を持つ物体からは遠赤外線（波長3〜1,000μm）が出ており、それをイメージセンサで捉えることで、（明瞭ではありませんが）対象物の存在位置を検知するパッシブ方式の暗視カメラもあります。この方式は真っ暗闇でも対象をおおまかに捉えることができますが、カラー映像を得ることはできません。

Chapter 3

デジタル画像の
フィルタ処理

Chapter 03 デジタル画像のフィルタ処理

3-1 フィルタ処理のしくみ

　デジタルカメラやビデオで撮影された画像は、いつも鮮明で見やすいものになるとはかぎりません。ピントが合っていなかったり、手ぶれなどによってボケた画像になりますし、被写体に十分な照明が当たっていないと暗い画像になってしまいます。

　デジタル画像の良いところは、このような画像を見やすいものに修正したり加工したり、といった画像処理がコンピュータで手軽にできることです。

　デジタル画像の画質改善は、パソコン上のフォトレタッチソフトなどの画像処理ソフトウェアで、比較的簡単に行うことができます。

　また、画像の解析や認識を行う場合にも、処理しやすい画像を得るために画像を鮮明にしたり、対象物をくっきりと際だたせるための強調処理などが重要です。対象物の輪郭だけを取り出したり明るさを強調したり、といったことも画像認識の前処理として行われます。

　本章では、これらの画像処理がどのようなしくみで行われているのかについて見てみることにします。

平滑化でノイズ修正

　画像の特殊効果に、**平滑化**（あるいは**ぼかし**）といって、画像をぼかして滑らかにする処理があります。適当な強さでぼかしをかければ、画像に写っているノイズ（小さなゴミのようなもの）を、目立たなくして滑らかな見やすい画像にできます。

　また、ぼかし効果を使えば、画像に雰囲気を出したりすることができます。以下ではまず、ぼかしがどのような画像処理で行われるのかについて見てみることにしましょう。

　図3-1に、原画像(a)に対して、ノイズが乗った画像の例を(b)に示します。ノイズが乗った画像の一部を拡大してみると、白と黒の小さな点がランダムに

乗っているのが分かります。このようなノイズは、**ごま塩ノイズ**（salt & pepper noise）などと呼ばれます。

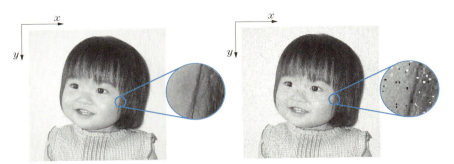

(a)オリジナル画像　　　　　(b)ノイズが乗った画像
図3-1●ごま塩ノイズが乗った画像の例

　これらの画像について、ある場所における濃度値の変化をグラフにしてみると、図3-2のようになります。(a)のグラフがノイズが乗っていない場合、(b)のグラフがノイズが乗っている場合です。

　図を見ると、ノイズのところで急激に濃度値が変化していることが分かります。このような急激な濃度変化があると、画像がザラザラした感じになり、目障りです。そこで、急激な濃度値の変化を滑らかにする平滑化を行えば、ノイズを目立たなくすることができます。

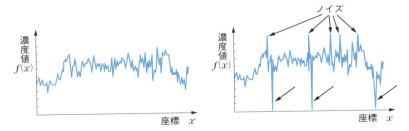

(a) オリジナル画像　　　　　(b) ノイズの乗った画像
図3-2●濃度値の変化でみたノイズ

平滑化では、図3-3に示すように、それぞれの画素の濃度値を、周りの画素を適当に平均した値で置き換えてやります。この図では、ある画素の周りの8個の画素を含む9画素の値の平均値を出す場合を示しています。

　図にあるように、画像から3×3ずつ濃度値を取り出し、それに1／9が並んだもの（これを**オペレータ**または**フィルタ行列**といいます）をかけて、足したものを計算すれば、平均の濃度値が得られます。

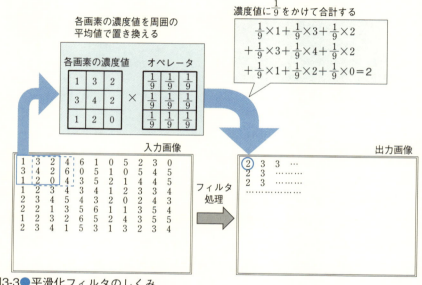

図3-3●平滑化フィルタのしくみ

　このオペレータを、1列ずつずらしながらすべての画素について計算を行えばよいわけです。このようにすれば、隣り合う画素との濃度値の違いが小さくなって、輪郭の部分などでも濃度値の変化がなめらかになるため、ノイズの目立たない画像になります。

　図3-4に、上記のフィルタ処理を行った画像の例を示します。拡大した部分を見ると、図3-1(b)の拡大図と比べて、ノイズが目立たなくなっていることがわかります。また、図3-4(b)の平滑化フィルタ処理後の濃度値の変化をみると、ノイズ部分に相当する急激な濃度変化がなくなっていることが分かります。

　なお、カラー画像の場合は、RGBのそれぞれについてこの操作を行います。

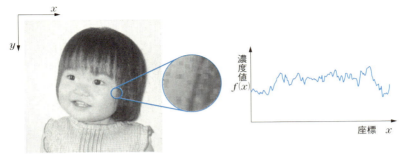

(a) 平滑化フィルタ処理後の画像　　(b) 平滑化フィルタ処理の後の濃度値の変化

図3-4 ● フィルタ処理の例

移動平均フィルタ

　図3-3のように、オペレータを使って画像処理することを**フィルタ処理**といいます。上記の場合は画像の濃度値の平均を求めるフィルタでしたが、オペレータの数字部分の値を変えることで、様々なフィルタをつくることができます。

　例ではオペレータが「縦×横」の3×3画素でしたが、2×2画素や4×4画素など、様々なサイズが考えられます。オペレータが大きいほど平均される範囲が広くなるので、ぼけ具合の強い画像が得られます。なお、このようなフィルタは、移動しながら平均を取っていくので、**移動平均フィルタ**といいます。

　図3-5に、いろいろな大きさの移動平均フィルタの例を示します。フィルタ処理の前後では画像の明るさが変化しないよう、フィルタ係数の値をすべて足したら「1」になるようにしています。

(a) 2×2のフィルタ

(b) 3×3のフィルタ

(c) 4×4のフィルタ

図3-5 ● 移動平均フィルタの例

加重平均フィルタ

移動平均フィルタを使えば、ノイズを目立たなくすることができますが、画像が全体にぼやけすぎてしまうという問題があります。

そこで、少しでもぼけを防ぐために、中央の画素の数字を大きくした**加重平均フィルタ**と呼ばれるものがあります。図3-6に、いくつかの加重平均フィルタのオペレータの例を示します。

加重平均フィルタには、いろいろなものがありますが、一般に中央の数字が大きく、周辺の画素に行くにしたがって、徐々に数字が小さくなっています。

このようにすると、中央の画素の濃度値が、周りの画素よりも大きな値となり、平均化されても、もともとの濃度値の変化が保たれます。このため、均一に平均を取る移動平均フィルタに比べて、ぼけが少なくなります。ただし、移動平均フィルタと比べて顕著な効果があるわけではありません。

$\frac{1}{16}$	$\frac{2}{16}$	$\frac{1}{16}$
$\frac{2}{16}$	$\frac{4}{16}$	$\frac{2}{16}$
$\frac{1}{16}$	$\frac{2}{16}$	$\frac{1}{16}$

$\frac{1}{10}$	$\frac{1}{10}$	$\frac{1}{10}$
$\frac{1}{10}$	$\frac{2}{10}$	$\frac{1}{10}$
$\frac{1}{10}$	$\frac{1}{10}$	$\frac{1}{10}$

0	$\frac{1}{5}$	0
$\frac{1}{5}$	$\frac{1}{5}$	$\frac{1}{5}$
0	$\frac{1}{5}$	0

(a) 3×3のフィルタの例

$\frac{1}{35}$	$\frac{1}{35}$	$\frac{1}{35}$	$\frac{1}{35}$	$\frac{1}{35}$
$\frac{1}{35}$	$\frac{2}{35}$	$\frac{2}{35}$	$\frac{2}{35}$	$\frac{1}{35}$
$\frac{1}{35}$	$\frac{2}{35}$	$\frac{3}{35}$	$\frac{2}{35}$	$\frac{1}{35}$
$\frac{1}{35}$	$\frac{2}{35}$	$\frac{2}{35}$	$\frac{2}{35}$	$\frac{1}{35}$
$\frac{1}{35}$	$\frac{1}{35}$	$\frac{1}{35}$	$\frac{1}{35}$	$\frac{1}{35}$

$\frac{1}{100}$	$\frac{1}{100}$	$\frac{1}{100}$	$\frac{1}{100}$	$\frac{1}{100}$
$\frac{1}{100}$	$\frac{5}{100}$	$\frac{5}{100}$	$\frac{5}{100}$	$\frac{1}{100}$
$\frac{1}{100}$	$\frac{5}{100}$	$\frac{44}{100}$	$\frac{5}{100}$	$\frac{1}{100}$
$\frac{1}{100}$	$\frac{5}{100}$	$\frac{5}{100}$	$\frac{5}{100}$	$\frac{1}{100}$
$\frac{1}{100}$	$\frac{1}{100}$	$\frac{1}{100}$	$\frac{1}{100}$	$\frac{1}{100}$

(b) 5×5のフィルタの例

図3-6●加重平均フィルタの例

実際にどのタイプが効果的なのかというのは、もとの画像によるので、いろいろと試してみて一番良いオペレータを選ぶことになります。

3-2 メディアンフィルタ

平滑化フィルタでは、画像をぼかすことでノイズを目立ちにくくしていますが、加重平均フィルタを使っても、全体的に画像がぼけた感じになってしまっています。また、ノイズの影響によるざらざらした感じも依然として残っています。これは、平滑化処理を行うときに、ノイズの濃度値も一緒に平均化されるため、その影響が出てしまうためです。

このような場合に役に立つフィルタに、**メディアンフィルタ**があります。メディアンというのは、「中央の値」という意味です。このフィルタは、ある範囲の画素の濃度値を小さい順に並べ、真ん中の濃度値を取ってくるものです。図3-7に、3×3の画素範囲におけるメディアンフィルタの例を示します。

この場合、3×3の領域にある9個の画素の濃度値を、小さい順に並べたときの5番目（中央の値）が、求める画素の濃度値となります。そして、この処理

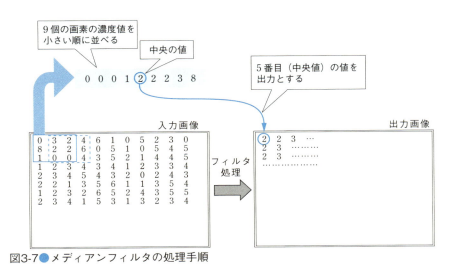

図3-7●メディアンフィルタの処理手順

を移動させていけば、メディアンフィルタによる出力画像が得られます。

図3-1(b)にあるようなノイズの乗った画像では、ノイズの濃度値は周りの画素と比べると、とびぬけて濃度値が大きいか小さいかなので、大きさの順に並べると、それが右はじか左はじに集まってきます。ですから、中央値をとればノイズの影響が除かれるのです。

図3-8に、メディアンフィルタによる処理例を示します。平滑化フィルタの処理結果と比べると、ノイズがうまく取り除かれていることがわかります。ただし、メディアンフィルタは、平滑化フィルタと比べて、すこし計算時間が長くかかります。これは、データの並べ替えの処理に時間がかかるためです。

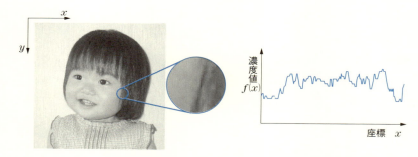

(a) メディアンフィルタ処理後の画像　　(b) メディアンフィルタ処理後の濃度値の変化
図3-8● メディアンフィルタによる処理結果

3-3 輪郭を抜き出すフィルタ

濃度値が急激に変化する

漫画や説明図のように、対象物の**輪郭線**を線画で描いたものをよく目にします。このような線画の輪郭線は、物体の外縁を表す線で、**エッジ**ともいいます。

エッジの部分は、その物体のおおまかな形や構造を表しているので、画像の中にどんな物体があるのかをコンピュータに判断させる場合に、まずエッジを抜き出すことがよく行われます。このように、輪郭を抜き出すフィルタのこと

を、エッジ抽出フィルタといいます。

エッジ抽出フィルタのしくみを理解するためには、まずエッジの部分の画像の性質を知る必要があります。たとえば、図3-9で、丸い枠で囲った部分では、濃度値が急激に変化しています。

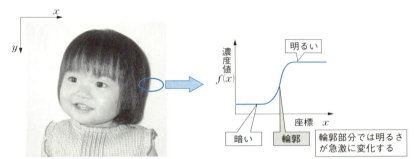

図3-9●輪郭部分では濃度値が急激に変化する

輪郭部分では、ふつう明から暗、あるいは暗から明のように濃度値が急激に変化しています（カラー画像でも色の変化があれば濃度値の変化も伴うため、輪郭を抜き出すには、まずモノクロ画像に変換してから処理をします）。

輪郭の部分では濃度値が急激に変化しているので、関数の変化分を取り出す微分を使えば、輪郭を取り出すことができます。

たとえば、図3-10(a)に示すような濃度値の変化を持つ画像に対して微分を行えば、エッジ部分は、同図(b)のように取り出されます。

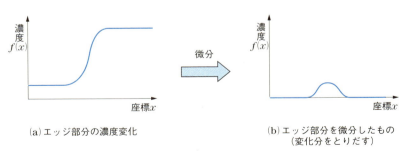

(a)エッジ部分の濃度変化　　(b)エッジ部分を微分したもの
　　　　　　　　　　　　　　　（変化分をとりだす）

図3-10●輪郭を求めるためには微分すればよい

濃度値の差を求める

デジタル画像の場合、画素がとびとびに並んでいるため、厳密な微分演算を行うことはできません。そこで、図3-11のように、隣同士の画素の濃度値の差をとることで代用します。これを**差分**といいます。

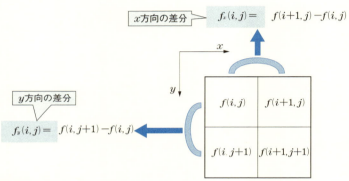

図3-11●差分の求め方

x方向およびy方向の差分をそれぞれ、$f_x(i,j)$、$f_y(i,j)$ とすると、これらは図3-11のようにして求められます。つまり、隣り合う画素の濃度値を差し引くことで、以下のように差分の計算ができます。

$$f_x(i,j) = f(i+1,j) - f(i,j) \tag{3.1}$$
$$f_y(i,j) = f(i,j+1) - f(i,j) \tag{3.2}$$

上の式から係数だけを取り出せば、オペレータは、図3-12(a)、(b)のようになります。このオペレータを使って図3-3に示すような計算をすれば、フィルタ処理の結果が得られます。

上記の差分オペレータを使って求めた画像を、図3-13に示します。ただし、図3-12のオペレータを使うと、差分の計算結果が負になる場合もありますので、図では差分の結果の絶対値を濃度値で表現してあります。

−1	1
0	0

(a) x 方向の差分

−1	0
1	0

(b) y 方向の差分

図3-12●差分を求めるオペレータ

　図3-13の原画像(a)に対して、x方向の差分オペレータをつかったフィルタ処理の結果(b)では、x方向に濃度値が急激に変化するエッジ成分に対して値が大きくなりますので、主に縦のエッジが検出されています。

　一方、y方向の差分オペレータによるフィルタ処理結果(c)では、主に横のエッジが検出されていることが分かります。

(a) 原画像

(b) x方向の差分オペレータによる結果

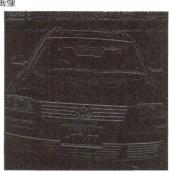

(c) y方向の差分オペレータによる結果

図3-13●エッジ検出フィルタ

斜めのエッジの求め方

実際には、画像の中にあるエッジには縦や横だけではなく、斜めのエッジも存在します。これらの輪郭は、図3-14のように求めます。

図では、xおよびy方向の差分オペレータによる結果$f_x(i,j)$、$f_y(i,j)$を、それぞれ横方向および縦方向のベクトル（矢印）で示してあります。画素(i,j)におけるエッジは、この2つのベクトルを図のように合成したものになります。

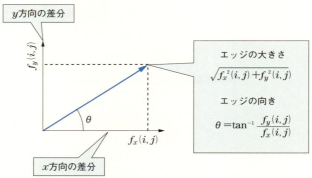

図3-14●エッジの大きさと方向

したがってエッジの大きさは、次の式で求められます。

$$\sqrt{f_x^2(i,j)+f_y^2(i,j)} \tag{3.3}$$

これは、合成されたベクトルの長さを求める計算です。また、このベクトルの向きθは、次式で求まります。

$$\theta=\tan^{-1}\frac{f_y(i,j)}{f_x(i,j)} \tag{3.4}$$

式（3.3）を使ってエッジの大きさを求め、それを濃度値にあてはめてエッジを求めた例を図3-15に示します。これはそれぞれの画素部分で、式（3.3）

から得られた値を濃度値（明るさ）におきかえて表現したものです。図3-13と比較すると、すべての方向のエッジが、うまく検出されていることが分かります。

図3-15●式(3.3)を使って求めたエッジ

斜め方向の差分を求める

エッジ抽出フィルタには、上記以外にも、いろいろな形のタイプがあります。たとえば上記では、水平および垂直方向の差分を求めましたが、同様にして、斜め方向の差分オペレータも図3-16のように考えられます。

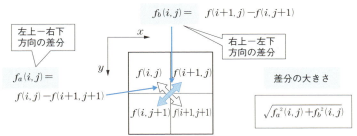

図3-16●斜め方向の差分の求め方

2つの斜め方向の差分をそれぞれ$f_a(i,j)$、$f_b(i,j)$ として、斜め方向に隣り合う画素の濃度値を差し引くことで、以下のように差分の計算ができます。

$$f_a(i,j) = f(i,j) - f(i+1, j+1) \tag{3.5}$$
$$f_b(i,j) = f(i+1,j) - f(i, j+1) \tag{3.6}$$

上の式から係数だけを取り出せば、オペレータは、図3-17(a)、(b)のようになります。

1	0
0	-1

(a) 左上－右下方向の差分

0	1
-1	0

(b) 右上－左下方向の差分

図3-17●Robertsのエッジ検出オペレータ

これを**Robertsのエッジ検出オペレータ**といいます。この場合、式(3.3)に相当する微分の大きさは、次式となります。

$$g(i,j) = \sqrt{\{f_x^2(i,j) - f(i+1,j+1)\}^2 + \{f(i+1,j) - f(i,j+1)\}^2} \tag{3.7}$$

この式を使って、輪郭を求めた結果を図3-18に示します。図3-15の結果と比べると、斜め方向のエッジがきれいに検出されていることが分かります。

図3-18●Robertsのエッジ検出オペレータによる結果

また、差分を取る画素を増やして、ノイズの影響を抑えたフィルタとして、図3-19に示す**Prewitt（プリヴィット）のエッジ検出オペレータ**や、図3-20に示す**Sobel（ソーベル）のエッジ検出オペレータ**が提案されています。

−1	0	1
−1	0	1
−1	0	1

(a) x方向の差分

−1	−1	−1
0	0	0
1	1	1

(b) y方向の差分

図3-19●Prewittのエッジ検出オペレータ

−1	0	1
−2	0	2
−1	0	1

(a) x方向の差分

−1	−2	−1
0	0	0
1	2	1

(b) y方向の差分

図3-20●Sobelのエッジ検出オペレータ

それぞれのフィルタにおいて、差分の大きさは、式（3. 7）と同様な方法で求めることができます。

上記のそれぞれのエッジ検出オペレータによる処理を行った例（ただしエッジの強度）を図3-21に示します。図より、より鮮明にエッジが検出されていることが分かります。

原画像

(a) Prewittのエッジ検出オペレータ　　(b) Sobelのエッジ検出オペレータ

図3-21●Prewitt および Sobelによるエッジ検出

3-4 ラプラシアンによるエッジ検出

　先の例では、微分（差分）を使ってエッジを検出する方法について説明しました。そのほかに、図3-22に示すように、さらにもう一度微分（2次微分）を行うことでエッジを検出する方法もあります。

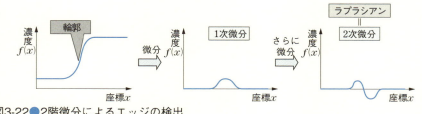

図3-22●2階微分によるエッジの検出

この2次微分のことを**ラプラシアン**（Laplacian）といいます。では、これをコンピュータで計算するにはどのようにすればよいのでしょうか。

　デジタル画像の場合は、図3-11の差分に対して図3-23のように、もう1回差分（2階差分）を行います。

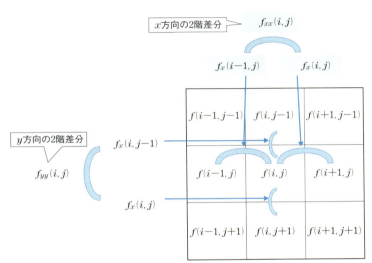

図3-23●画像の2階差分

　図より、xおよびy方向2階差分の結果を$f_{xx}(i,j)$、$f_{yy}(i,j)$とすれば、次の式のように求まります。

$$f_{xx}(i,j) = \{f(i+1,j) - f(i,j)\} - \{f(i,j) - f(i-1,j)\} \\ = f(i-1,j) - 2f(i,j) + f(i+1,j) \tag{3.8}$$

$$f_{yy}(i,j) = \{f(i,j+1) - f(i,j)\} - \{f(i,j) - f(i,j-1)\} \\ = f(i,j-1) - 2f(i,j) + f(i,j+1) \tag{3.9}$$

　また、xおよびy方向の2階差分を加えあわせると、以下の式になります。ここで$\nabla^2 f(i,j)$がラプラシアンです。

$$\nabla^2 f(i,j) = f_{xx}(i,j) + f_{yy}(i,j) \tag{3.10}$$
$$= f(i,j-1) + f(i-1,j) - 4f(i,j) + f(i+1,j) + f(i,j+1)$$

　上式の係数を取り出してオペレータの形にすると、図3-24(a)のようになります。これを見ると、上下左右の周囲4画素の濃度値の合計から、中心画素の濃度値を4倍したものを引けばいいことがわかります（図3-3の計算参考）。これにより、濃度値が急激に変化している部分を取り出すことになります。

　また、このオペレータによる処理結果を、図3-24(b)に示します。なお、ラプラシアンの計算をすると負の値が出てくることがありますが、濃度値は常に正の値を持つため、ラプラシアンの結果に対して絶対値をとったものを出力値としています。

　図3-24(a)のオペレータでは、上下左右の4つの画素（これを4近傍といいます）の濃度値の差だけを取りましたが、これに加えて、斜め方向の画素を加えた8つの画素（これを8近傍といいます）の差を取ることもできます。その場合のラプラシアンのオペレータを図3-25(a)に示します。8近傍のラプラシアンフィルタでは、中心画素の値は、周囲の8画素との差を取るため、8になります。

　なお、ラプラシアンを使ったエッジ検出に、零交差（ゼロクロス）法と呼ばれる方法もあります。これは、2次微分を行うと、図3-26のようにエッジの下

0	1	0
1	−4	1
0	1	0

(a) ラプラシアンのオペレータ

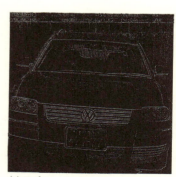

(b) ラプラシアンによるエッジ検出

図3-24 ●ラプラシアンフィルタ（4近傍）

1	1	1
1	−8	1
1	1	1

(a) ラプラシアンのオペレータ

(b) ラプラシアンによるエッジ検出

図3-25●ラプラシアンフィルタ（8近傍）

端と上端でそれぞれ正と負のピークを生じるため、正から負へとピークが変化する途中で出力レベルが0となる位置を、エッジの中央位置として検出する方法です。

　以上のように、いろいろなタイプのエッジ抽出フィルタがありますが、どのタイプが一番うまく輪郭を取り出せるのかというのは、やはり元の画像によるので、いろいろと試してみて一番良さそうなオペレータを選ぶことになります。

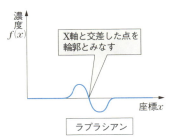

図3-26●零交差法によるエッジの検出

3-5 画像をシャープにする鮮明化フィルタ

写真を撮影するときに、手ぶれをしたりピントがはずれていたりすると、ぼやけた画像になってしまいます。ここでは、こういった画像を鮮明（シャープ）にするためのデジタル画像処理について述べます。このような処理のことを**鮮明化**とか**シャープ化**などといいます。

そもそも輪郭がぼやけた画像というのは、どういうものでしょうか。輪郭部分では、画像の濃度値が急激に変化しています。このように、本来は急激に変化しているべき部分で濃度値の変化がゆるやかになっている場合、ぼやけた画像となります。

そこで、濃度値の変化を急激なものに修正してやれば、鮮明な画像が得られるはずです。この代表的な方法の一つに、62ページで述べたラプラシアン・フィルタを使った方法があります。図3-27にその原理を示します。

なだらかなエッジを持つ原画像からラプラシアンを差し引けば、鮮明化されたエッジが得られます。図を見ると、鮮明化されたエッジでは原画像にはない「くぼみ」と「こぶ」が生じ、さらに、エッジの傾斜も大きくなっていることがわかります。これにより、輪郭部分の濃度値の変化が急激になり、鮮明な画像が得られます。

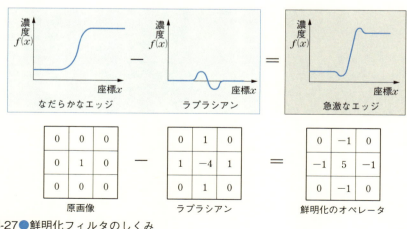

図3-27●鮮明化フィルタのしくみ

これをオペレータの形で見てみましょう。原画像は中央が「1」のフィルタであり、それからラプラシアン・オペレータ（4方向）を引くことで、鮮明化された画像を得るためのオペレータとなります。

　このように鮮明化フィルタは、中央の数字が「5」で、その上下・左右の数字が「−1」となった形をしています。こうすることで、隣り合う画素の濃度値の差を大きくできます。このため、輪郭部分などでの濃度値の変化が大きくなり、輪郭が強調されるのです。

　図3-28(a)の画像に対して、鮮鋭化フィルタを使って鮮鋭化を行った例を同図(b)に示します。少しぼやけた元の画像が、鮮明化フィルタによって、くっきりシャープになっていることが分かります。

(a) 原画像　　(b) 鮮明化フィルタによる処理結果

図3-28●鮮明化フィルタによる結果

以上では、隣接する上下左右の4画素（4近傍）についての2次微分を用いた場合のオペレータについて述べましたが、斜め方向に隣接する画素を含めた8画素（8近傍）における鮮鋭化フィルタは、図3-29のようになります。

　8近傍の鮮明化フィルタを使えば、4近傍の鮮明化フィルタと比べて斜め方向のエッジも強く強調され、より鮮明な画像を得ることができます。

0	0	0
0	1	0
0	0	0

原画像

−

1	1	1
1	−8	1
1	1	1

ラプラシアン

＝

−1	−1	−1
−1	9	−1
−1	−1	−1

鮮明化のオペレータ

図3-29●8近傍鮮明化フィルタ

Chapter 4

画像の明るさを変えよう

Chapter 04 画像の明るさを変えよう

4-1 濃度ヒストグラムのしくみ

　暗い部屋でフラッシュをたかずに撮影すると、画像全体が暗くてとても見づらい写真になります。このような画像を**コントラスト**が悪い画像といいます。コントラストというのは、画像の明るい部分と暗い部分の明るさの幅のことです。本来明るいはずの部分が暗くなっているため、明暗の幅が小さい（つまりコントラストが低い）のです。

　このような画像を見やすくするためには、まずその画像の性質（各画素の濃度値の分布）をよく知っておく必要があります。そこで登場するのが**濃度ヒストグラム**です。

　デジタル画像は、様々な濃度値を持つ画素が集まったものですが、濃度ヒストグラムは、図4-1のように、この画素の一つ一つをバラバラにして、濃度の大きさの順に並べ直したものだと考えれば分かりやすいでしょう。

　濃度ヒストグラムは、画像の濃度値を横軸にとって、その濃度値を持つ画素数を縦軸にとります。

　濃度ヒストグラムを使えば、画像がどのような濃度値の画素から構成されているかが、直感的に理解できます。カラー画像の場合は、RGBのそれぞれについて濃度ヒストグラムを作成することもできますが、通常は式（2.2）を使って、モノクロの輝度情報に変換した後に濃度ヒストグラムを作成するのが一般的です。

　デジタルカメラでは、撮影後すぐに、ヒストグラムを確認することができる機能を持つものもあります。ヒストグラムを見れば、撮影された画像のコントラストの良し悪しがその場で分かります。

　ヒストグラムのグラフの値が、左右に満遍なくあるのが階調豊かな写真といえます。もしこのグラフが、右あるいは左に偏りすぎているようなときは、シャッタースピードや絞りを調整して露出（イメージセンサに光を当てる量）を変えてやる必要があります。そして、グラフができるだけ満遍なく両サイドに

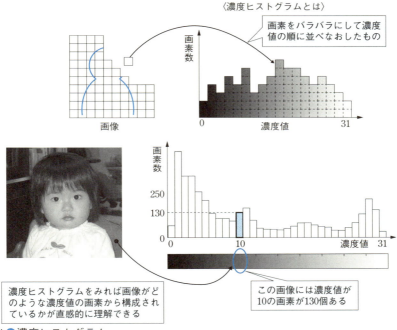

図4-1 ●濃度ヒストグラム

広がるようにして撮影すれば、きれいな写真を撮影することができます。

4-2 濃度ヒストグラムによるコントラスト変換

　すでに撮影してしまった画像でも、後からヒストグラムを使って画質を改善することができます。

　図4-2(a)に示すように、特定の濃度範囲の画素が極端に多い（つまり濃度値が特定の値に集まりすぎている）ような画像では、画像全体での濃度値の変化がわかりにくいため、コントラストが悪くなります。

　このような場合、同図(b)のように、濃度値に対する画素の出現率を均一化することにより、濃度変化がわかりやすい画像に変換できます。

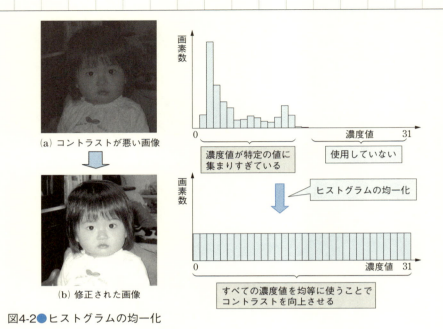

図4-2● ヒストグラムの均一化

　ヒストグラムの均一化では、画素数の多い濃度値の範囲で濃度値の間隔を細かくし、画素数の少ない範囲では、間隔を粗くする処理を行います。つまり、濃度値に対する画素の割合を均一にすることで、濃度変化がわかりやすい画像に変換できるのです。

　図4-3に示す簡単な例でヒストグラムの均一化の処理方法を説明します。いま、すべての画素の数が40、階調数が0〜7の8段階だったとすると、均一化後の1つの濃度値に割り当てられる画素数は、全画素数を階調数で割ったもの、つまり40÷8=5になります。そこで、画素を濃度値が低い方から5個ずつに分割して、それぞれを1つの濃度値に割り当てていきます。

　たとえば、均一化後の階調値0のところには、原画像の階調値0のところから1画素、階調値1のところから3画素持ってきます。それでもまだ1画素足りないので、原画像の階調値2のところから1画素持ってきます。このとき、原画像の階調値2の画素は8個ありますので、その中のどれを持ってくるかが問題となります。一番良い方法は、それぞれの画素の周りの画素の平均濃度を計

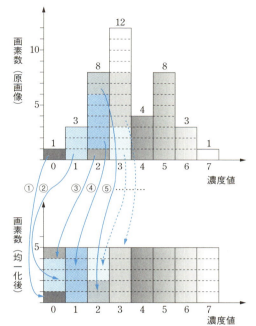

図4-3●ヒストグラムの均一化処理

算して、その値が最も小さいものを持ってくる方法です。こうすれば、均一化された画像はノイズが少ない自然な画像となります。

ただし、この方法は処理に時間がかかるため、スピードを優先したい場合は、何も考えずにランダムに選んでくる方法もあります。

以上のような処理を行うことで、ヒストグラムの均一化処理が行われます。

4-3 トーンカーブによるコントラスト変換

ヒストグラムを使ったコントラスト変換には、計算時間がかかります。もう少し手軽にコントラストを変換できる方法に、図4-4に示すような**トーンカーブ**（**濃度変換曲線**ともいいます）を使ったものがあります。

トーンカーブは、入力画像の濃度値をどのような濃度値に変換するかを示し

たグラフです。このグラフでは、横軸は元の画像の濃度値を表し、縦軸は変換後の濃度値を表します。もし、ある画素の濃度値がXならば、そのグラフをたどって、Yという濃度値に変換すればよいのです。これをすべての画素について行えば、コントラストの変換ができます。

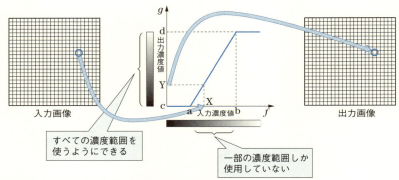

図4-4 ● トーンカーブを使ったコントラスト変換

　図のようなトーンカーブの場合、もともと使っている濃度値の範囲が、a～bだったとすると、このグラフを使って変換すれば濃度値の範囲が、c～dに広がります。このようにすれば、表示できる濃度値の範囲全体を使うことができるので、明るいところは十分明るく、暗いところは十分暗い、明暗のはっきりした画像に変換できます。

　図4-5に、コントラストの悪い画像をトーンカーブを使って改善した例を示します。入力画像のヒストグラムをみると、使われている濃度値の範囲が狭い範囲に偏っていることがわかります。これをトーンカーブを使って変換することで、広い濃度範囲を使うように変換することができ、コントラストの良い画像にすることができます。

　このようにトーンカーブの形を決めるためには、まずヒストグラムを使ってどのような濃度分布を持っているかを確認するのが便利です。

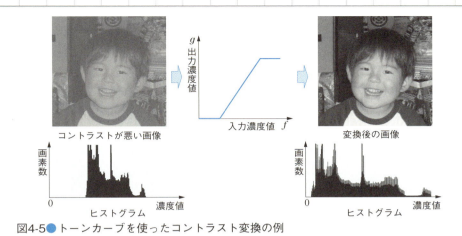

図4-5● トーンカーブを使ったコントラスト変換の例

4-4 いろいろなトーンカーブを試してみよう

トーンカーブの形を変えることで、様々な変換が可能になります。たとえば、図4-6のように、上にカーブしている形にすれば、全体的に明るめの画像にな

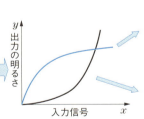

図4-6● トーンカーブの形状と画像の明るさ

ります。これは、暗い濃度範囲の画素が明るい濃度範囲に変換されるからです。

逆に、下にカーブしている曲線を使えば、全体的に暗めの画像にすることができます。

また、図4-7のようにトーンカーブの形状を変えることで、様々な効果を得ることができます。(a)はコントラストを強調するために、低い濃度値はより低く（暗く）、高い濃度値はより高く（明るく）なるように変換して明暗を強調させています。

(b)では、トーンカーブを右下がりの直線にすることで、暗いところは明るく、明るいところを暗くなるよう濃度値を反転（**ネガポジ反転**）させたものです。

(c)は、濃度値を4段階に減らして、階調の連続性を失わせたもので、ポスタリゼーションとよばれる効果が得られます。

(d)では、濃度値がある値を越えると濃度値が反転するようにしたもので、金属光沢を持つような**ソラリゼーション**と呼ばれる効果を得ることができます。

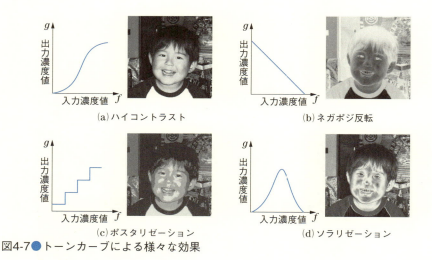

図4-7●トーンカーブによる様々な効果

4-5 デジタルカメラの HDR とは

多くのスマートフォンのカメラやデジタルカメラには**HDR**（High Dynamic Range rendering）という機能が搭載されています。日本語では、**ハイ・ダイナミックレンジ合成**といいます。**ダイナミックレンジ**というのは、画素が持つ濃度値の幅（レンジ）のことで、最も高い濃度値と低い濃度値の比で表されます。

一般的な自然風景のダイナミックレンジはとても広く、濃度値の比は10万対1を超えることもあります。一方、カメラのイメージセンサのダイナミックレンジは3万対1程度しかありません。そのため、自然の風景の明暗の差をそのまま記録することができません。

たとえば、太陽を背にした人物を逆光で撮影するような場合、太陽が明るすぎて人物の顔が暗くつぶれ気味になってしまうことが起こります。HDRでは露出（イメージセンサに光を当てる量）の異なる写真を複数枚撮影しておき、きちんと撮影できている部分を使って1枚の写真に合成することで、肉眼で見た印象に近い写真を作り出すことができます。

なお、テレビにもHDRがあるのですが、これはデジタルカメラのHDRとは異なる技術で、従来よりも広い明暗差をテレビ画面で表現するための規格です。その詳細は178ページで説明します。

(a) 通常

(b) HDR合成

図4-8 ●HDRの使用前後の写真の例

Chapter 5

印刷のための
画像処理

Chapter 05 印刷のための画像処理

5-1 ハーフトーンのしくみ

点の大きさで表す

　デジタル画像は、画素の集まりにより表現されています。パソコンのディスプレイでは、画素の一つ一つがいろいろな色や明るさ（濃度値）を持つことで、階調を表現しています。では、印刷の場合はどうでしょうか。

　ここでは簡単のために、まずはモノクロ印刷の場合で考えてみましょう。モノクロ印刷の場合、真っ黒から灰色、そして白色まで様々な明るさの段階を表現する必要があります。インクの場合、黒であれば真っ黒なインクを使いますが、灰色のインクは基本的には使いません。では、灰色などを表現するにはどのようにすればよいのでしょうか。これを解決するのが**ハーフトーン**とよばれるものです。

　ハーフトーンの考え方は古くからあり、新聞の写真などでも使われています。ハーフトーンを使った写真を拡大してみると、図5-1のように大小の点が規則正しい配列で並んでいることがわかります。これを**網点**といいます。

　黒い部分は黒いインクが大きく、白い部分は小さく、灰色の部分は中間の大きさの点が使われています。この網点の大きさにより階調の表現をしているのです（図5-2）。

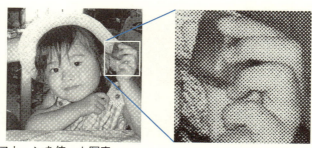

図5-1●ハーフトーンを使った写真

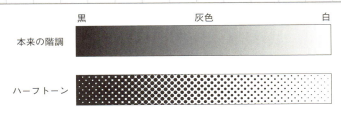

図5-2●網点による階調の表現

網スクリーンの場合

アナログ画像処理しか使えなかった時代には、網点は**網スクリーン**というものを使ってつくられていました。これは、透明なガラス板に図5-3のように、

図5-3●網スクリーン

光を通さない部分を格子状に規則正しく作成したものです。この格子模様の間隔は、1センチあたり数百本という細かい間隔で作られています。

網点による写真画像は、図5-4に示すような網スクリーンを使った特殊な製版カメラによって撮影されます。

通常のカメラでは、レンズから入ってきた光がフィルム面に当たり、光の強さに応じて感光することで画像が記録されます。この製版カメラでは、フィルム面の前に網スクリーンが置かれています。こうすると、原稿の明るいところは光が強いために、網スクリーンの影の部分に光りが回り込み、大きな黒い点が出来ます。逆に暗いところでは、回り込みが少ないため小さな点になります（ただしこの場合は、ネガフィルムですので白と黒は逆転しています）。このようにして、明るさに応じて黒い点の大きさが変化する網点画像が作られるのです。

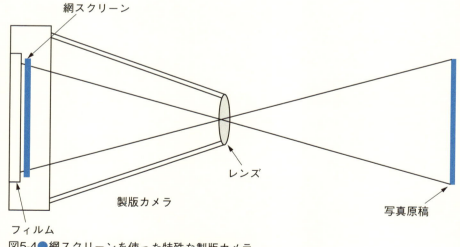

図5-4●網スクリーンを使った特殊な製版カメラ

通常の印刷では、1インチ（2.54センチメートル）あたり175個の網点が使われます（ただし新聞の写真では75〜100個程度です）。もともと網スクリーンは、図5-3のように細かい線によってつくられていましたので、これを175線と表現します。通常1インチあたりのスクリーン線数（解像度）のことをlpi(ライン・パー・インチ)で表します。これが細かいほど精細な画像が表現できることになり、高級美術印刷物などでは200〜700lpi程度の解像度が使われることもあります。

上記の網スクリーンによる手法は、19世紀後半に発明され、つい最近まで使われていました。しかし、コンピュータをはじめとするデジタル機器が使われるようになると、画像の電子データからコンピュータを使って直接網点画像が生成できるようになりました。

ハーフトーンセル

デジタル画像では、網点は図5-5のように、黒と白の点の集まりによりつくられます。これを**ハーフトーンセル**といいます。

通常1つの網点は、175分の1インチ（約0.145mm×0.145mm）という非常に小さなものですが、デジタル画像では、これをさらに細かい黒と白の点の集まり（これをドット(dot)と呼ぶことにします）で表現します。

たとえば、図5-5の場合は、縦横16個のドットによって1つの網点が表現さ

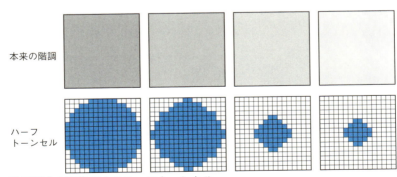

図5-5● デジタル画像によるハーフトーンセル

れています。網点の大きさは1辺あたり約0.145mmでしたので、ドットの大きさはこれを16分割した約0.009mm（9μm）という大変小さなものになります。このドットの大きさは、通常1インチあたりのドット数ということでdpi（ドット・パー・インチ）で表現されます。つまり上記の場合は、1インチあたりの網点の数が175で、ドットの数はその16倍ですから、解像度は175×16＝2800dpiということになります。

　ここで注意しなければならないのは、上記の解像度2800dpiはあくまで網点を表現するための白と黒のドットの解像度であるということです。通常、デジタル画像は6ページで述べたように、画素（ピクセル）のあつまりによって表現されます。この画素は、モノクロ画像の場合は本来、白から灰色、黒までの様々な明るさの段階を持っています。そして、印刷ではその画素の階調を表現するために、1つの網点の大きさを変えて表現するわけです。画素の解像度は、ppi（ピクセル・パー・インチ：1インチあたりのピクセル数）によって表現されます。したがって、デジタルハーフトーンにおいては、通常ppiよりdpiの値の方が大きな数字（つまり高解像度）となるわけです。

　ところで、通常は1つの網点が1つの画素に対応するため、175lpiの場合、175ppiのデジタル画像を用意すればよいことになります。ただ、デジタル画像処理による網点処理では、図5-6のように、1つの網点に対して4つの画素を割り当て、網点を上下左右の4つに分割して、それぞれの画素の濃度値を対応させて生成する場合もあります。

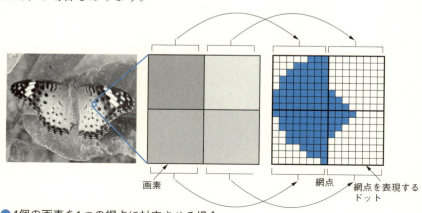

図5-6●4個の画素を1つの網点に対応させる場合

この場合、網点の形状は円ではなく、いびつな形状となりますが、通常の網点に比べて精細な画像の表現が可能となります。もちろんこの場合は、出力される網点画像が175lpi（スクリーン線数）であっても、その2倍の解像度である350ppi（画素解像度）のデジタル画像を用意する必要があります。

5-2 カラー印刷とハーフトーン

前節では、モノクロ印刷のしくみを説明しましたが、次にカラー印刷の場合を見てみることにしましょう。

カラー印刷では、33ページで述べたように、CMYK（シアン・マゼンタ・イエロー・ブラック）の4色のインクを使います。カラーのインクの場合でも、原則としてインクの濃さを変えることができませんので、ハーフトーンを用いて濃度値を変化させます。つまり、CMYKの4つの色についてそれぞれ網点をつくり、これを重ね合わせることでカラー印刷を行うわけです。

ただし、4色の網点が重ならないように、図5-7のようにそれぞれ違った角度（これをスクリーン角度といいます）で印刷します。

シアン（網角度15°）

マゼンタ（網角度45°）

イエロー（網角度0°）

ブラック（網角度75°）

図5-7 ● カラー印刷におけるスクリーン角度

通常は図のように、C（シアン）15度、M（マゼンタ）75度、Y（イエロー）0度、K（ブラック）45度のように角度をつけます（Yを30度にする場合もあります）。そして、それぞれの網点の大小で、濃度を表現します。

ただし、モノクロ印刷（黒のインクのみ）の場合は、45度にするのが一般的です。このようにCMYKの網点を重ね合わせると、図5-8のように人間には目の錯覚で色が混ざっているように見えます。

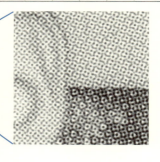

図5-8●ハーフトーンによるカラー印刷の例

(a) モアレパターン　　　　　(b) 元の写真
図5-9●モアレパターン

　ただし、画像によっては、図5-9(a)のような本来の画像には存在しないパターン（これをモアレパターンと言います）や、網点による亀甲模様（これをロゼッタパターンといいます）が出てしまう場合があります。このパターンが発生すると、画像が濁って見えるなどの問題が生じます。

　そこで、これを避けるために、FMスクリーニング（Frequency Modulation Screening）という技術が開発されています。

　FMスクリーニングは、微小な同じ大きさの点を画像の濃度に応じて、ランダムに配置して表現する方法です。

　これに対して、濃淡を網点の大小で表現する方法をAMスクリーニング（Amplitude Modulation Screening）といいます。

　図5-10にFMスクリーニングの網点を示します。FMスクリーニングは、微細なドットを使うため、連続階調が美しく再現でき、スクリーン角度の考え方が不要であるため、モアレなどが出ず、繊細な色の表現ができるという特徴があります。図5-11に、AMスクリーニングとFMスクリーニングの画像の比較（拡大）を示します。

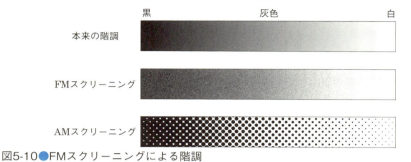

図5-10 ●FMスクリーニングによる階調

図5-11 ●AMスクリーニングとFMスクリーニングの比較

5-3 パソコン用プリンタで使われる画像処理

　前章で述べたハーフトーン処理は、主に新聞や雑誌などの印刷でよく使われる方法ですが、パソコン用のプリンタなどでは、**ディザ法**や**誤差拡散法**と呼ばれる方法がよく使われています。

　これは、一定の大きさの点を、点の位置や点と点の並び方の間隔や重なり具合を調整することで濃淡を表現する方法で、FMスクリーニングの一種といえます。

　初期のパソコン用プリンタは、それほど解像度が高くなくモアレが目立ちやすかったため、写真画像の品質を少しでも良くするために、FMスクリーニングの考え方が早くから使われていたのです。

ディザ法

ここではまず、ディザ法について説明します。ディザ法には様々な方法がありますが、その代表的なものに**組織的ディザ法**があります。組織的ディザ法では、図5-12のように、元の画像の濃度値とディザマトリックスと呼ばれる数字の並びとを比較して、その画素を白にするか黒にするかを決める方法です。

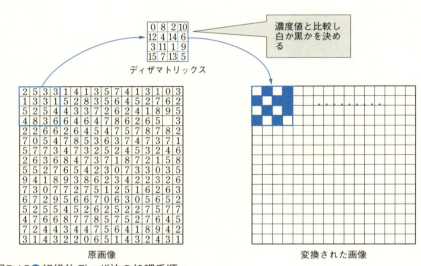

図5-12●組織的ディザ法の処理手順

図のように、元の画像とディザマトリックスを比較して、もし元の画像の数字の方が大きければ、その点を白とし、小さければ黒とします。これをずらしながら、画像全体に行います。

こうすることで、中間レベルの濃度値の画素が、適当な割合で白と黒に変換されて、ハーフトーン処理の場合と同じように、少し離れて見ると白と黒の画素が適当に混ざり合って、中間の階調を表現できます。

なお、この図は 4×4 のディザマトリックスを使用した場合ですが、ディザマトリックスには、2×2や8×8など、様々なサイズがあります。また、4×4 のディザマトリックスを使用する場合、元の画像は、4×4＝16階調にして、

ディザマトリックスの該当する位置の値と比較します。ディザマトリックスには様々なタイプがあり、その代表的なものを図5-13に示します。

0	8	2	10
12	4	14	6
3	11	2	9
15	7	13	5

(a) Bayer型

11	4	6	8
12	0	2	14
7	9	11	5
3	15	13	1

(b) 網点型

13	7	6	12
8	1	0	5
9	2	3	4
14	10	11	15

(c) Screw型

12	4	8	14
11	0	2	6
7	3	1	10
15	9	5	13

(d) 中間調強調型

図5-13●ディザマトリックスの例（4×4）

また、別の方法として、**ランダムディザ法**と呼ばれる方法があります。これは階調を表現するための密度を、確率的に与える方法です。

具体的には、元の画像が256階調の場合、それぞれの画素ごとに0〜255の乱数を発生させ、その乱数の値と明るさの値を比較して、乱数の値が大きければ出力画素を0（黒）に、小さければ255（白）にします。

こうすると、入力画素が明るいほど高い確率で白が出力されます。ただし、ランダムディザ法では、少しザラザラした見づらい画像になってしまう場合があることや、常に同じ画像が得られるとは限らないなどの欠点もあります。

誤差拡散法

次に、誤差拡散法について説明します。誤差拡散法では、まず図5-14のように、画素の濃度値が中間の濃度値（たとえば256階調なら128）より大きいか小さいかで、白か黒かに分類します。次に、元の画像の濃度値と変換後の濃度値との誤差を、適当な割合で周りの画素に分散させます。

たとえば、位置 (i, j) における画素の濃度値が $f(i,j)$、変換後の濃度値を $h(i,j)$ とすると、誤差 $e(i,j)$ は、

$$e(i,j) = f(i,j) - h(i,j)$$

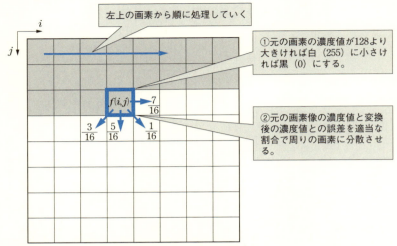

図5-14●256階調の画像を誤差拡散法で処理する場合

となります。そしてこの誤差$e(i,j)$を適当な割合で、周りの画素に分散させるわけです。ここでは右側の画素に$\frac{7}{16}$、左下の画素に$\frac{3}{16}$、下の画素に$\frac{5}{16}$、右下の画素に$\frac{1}{16}$の重みで、誤差を上乗せする場合を考えてみましょう（この重みの与え方にはいろいろなパターンが考えられています）。

このとき、変換後の修正された画素濃度値を$f'(i,j)$で表せば、

$$f'(i,j) = h(i,j)$$

$$f'(i+1,j) = f(i+1,j) + \frac{7}{16}e(i,j)$$

$$f'(i-1,j+1) = f(i-1,j+1) + \frac{3}{16}e(i,j)$$

$$f'(i,j+1) = f(i,j+1) + \frac{5}{16}e(i,j)$$

$$f'(i+1,j+1) = f(i+1,j+1) + \frac{1}{16}e(i,j)$$

となります。この処理を、左上の画素から順番にすべての画素について行っていきます。

このようにすれば、入力画像と出力画像の平均濃度値が同じになり、画像全体で擬似的に階調が表現できます。

図5-15に、組織的ディザ法、ランダムディザ法および誤差拡散法により処理した画像の比較例を示します。

(a) オリジナル画像

(b) 組織的ディザ法

(c) ランダムディザ法

(d) 誤差拡散法

図5-15●組織的ディザ法、ランダムディザ法、誤差拡散法の比較

Chapter 6

画像とフーリエ変換

Chapter 06 画像とフーリエ変換

6-1 フーリエ級数とは何か

　画像処理をうまく行うためには、画像が持っている基本的な性質をよく知っておくことが大切です。そのためには画像を「周波数の世界」に変換する方法について理解しておく必要があります。画像圧縮や一部のフィルタ処理、あるいはCTなどの画像処理では、周波数の世界で画像を扱うことが必要になるからです。

　この章では、周波数の世界についての基本を理解してもらうために、まず1次元の信号を対象に話をすすめます。

　なお、数式の苦手な方は、この節を読んだら6.2～6.4節を飛ばして6.5節に進んでいただいても結構です。

信号を時間の目でなく、周波数の目で見る

　1次元の信号というのは、たとえば音声信号のように時間tを変数とした関数$f(t)$のようなものです（ちなみに、画像は、20ページで述べたように、x軸とy軸からなる関数$f(x,y)$のように2つの変数を使う関数なので、2次元の信号です）。

　音声信号は、時間tに対して音圧$f(t)$が様々に変化します。この信号の中にどのような周波数の成分があるのかを解析できれば、たいへん役に立ちます。

　たとえば、ピアノの1つの音階は、ほぼ1つの周波数に対応しています。ここで、ドミソの音を同時に鳴らしたときの音声信号が、図6-1の左側のような波形だったとします。すると、これを周波数の世界で見ると、図の右側のようなグラフになります。この図は、横軸を周波数に取り、縦軸をそれぞれの周波数における音声信号の振幅を取ったものです。

　グラフのように周波数の世界で見れば、その音にどのような周波数成分（音階）が含まれているのかが、一目瞭然になるわけです。

　以下では、この例のように時間の世界から周波数の世界に変換するための方

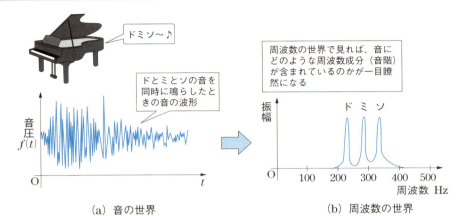

(a) 音の世界　　　　　　　　(b) 周波数の世界

図6-1●音の世界と周波数の世界

法について説明します。

フーリエ級数

19世紀にフランスで活躍したフーリエという数学者は「どんな形の波形でも、いろいろな周波数や振幅をもつ数多くのコサイン（余弦）波やサイン（正弦）波を重ね合わせることで表現できる」ということを発見しました。

つまり、どのような信号波形であっても、それはいろいろな周波数の三角関数（コサイン波やサイン波）に分解でき、逆に周波数の異なる三角関数を適当に重ね合わせることにより、任意の信号波形を合成できるということを意味します。このことを数式を使って見てみることにしましょう。

いま、図6-2のように、周期Tで繰り返す関数$f(t)$を考えてみます。フーリエは、$f(t)$が次の式で表現されることを発見しました。

$$f(t) = a_0 + \sum_{k=1}^{\infty}\left(a_k \cos\frac{2\pi k}{T}t + b_k \sin\frac{2\pi k}{T}t\right) \tag{6.1}$$

上記の記号Σは、k（周波数）を1から∞（無限大の数）まで変化させながら、足しあわせることを表しています。つまり、式(6.1)は以下の式と同じです。

$$f(t) = a_0 + a_1\cos\frac{2\pi}{T}t + a_2\cos 2\frac{2\pi}{T}t + a_3\cos 3\frac{2\pi}{T}t \cdots$$
$$+ b_1\sin\frac{2\pi}{T}t + b_2\sin 2\frac{2\pi}{T}t + b_3\sin 3\frac{2\pi}{T}t + \cdots \qquad (6.2)$$

　この式を**フーリエ級数展開**といい、図6-2のように$\frac{1}{T}$の整数倍の周波数を持ったコサイン波やサイン波（これを**基底関数**といいます）を足しあわせれば、どんな関数でも表現することができるということを意味します。

　ただし、フーリエ級数展開では、図6-2の上部にあるように周期Tで繰り返す関数$f(t)$を対象とします。これはコサイン波やサイン波が周期的な関数だからです。通常扱う信号は有限の長さですから、$\frac{T}{2}$秒以降および$-\frac{T}{2}$秒以前で

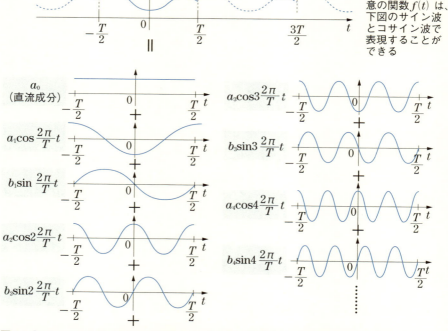

図6-2●フーリエ級数の意味（複雑な波$f(t)$を、単純な波の式の足し算で表す）

は、同じ波形が周期的に繰り返すと考えれば問題はありません。

問題は、それぞれの三角関数の振幅の大きさ（式(6.2)の$a_0, a_1, a_2, a_3, \cdots\cdots$ $b_1, b_2, b_3, \cdots\cdots$）がどうなるかです。これらの係数$a_k, b_k$は**フーリエ係数**と呼ばれ、次式で求めることができます。

$$
\begin{aligned}
a_0 &= \frac{1}{T}\int_{-T/2}^{T/2} f(t)\, dt \\
a_k &= \frac{2}{T}\int_{-T/2}^{T/2} f(t) \cos\left(\frac{2\pi k}{T}t\right) dt \qquad (k=1, 2, \cdots) \\
b_k &= \frac{2}{T}\int_{-T/2}^{T/2} f(t) \sin\left(\frac{2\pi k}{T}t\right) dt \qquad (k=1, 2, \cdots)
\end{aligned}
\qquad (6.3)
$$

上式は、フーリエ級数展開したい関数$f(t)$と、$\cos\frac{2\pi k}{T}t$あるいは$\sin\frac{2\pi k}{T}t$を掛け合わせて、$-\frac{T}{2}$から$\frac{T}{2}$まで積分することで、係数a_kおよびb_kが得られることを意味します。ちなみに上式のa_0を**直流成分**といい、それ以外のa_k, b_kを**交流成分**といいます。

6-2 複素フーリエ級数の世界

計算を簡単にする道具

前項で説明したフーリエ級数は、コサイン関数とサイン関数との足しあわせの形で表現されていました。この形は、直感的にはとても分かりやすいのですが、信号処理のためのいろいろな計算をしようとすると、式が複雑になってしまうという欠点があります。

そこで**複素数**が登場します。複素数というのは、実数部分（real part）と虚数部分（imaginary part）を加えた形をした数です。実数部分をReで、複素数部分をImで表すことにすれば、複素数zは

$$z = \mathrm{Re} + j\mathrm{Im} \qquad (6.4)$$

のように表現できます。ただしjは虚数$\sqrt{-1}$です。

また複素数の絶対値$|z|$は、

$$|z|=\sqrt{\mathrm{Re}^2+\mathrm{Im}^2} \tag{6.5}$$

のように計算されます。

複素数は、直感的には少々分かりにくい数なのですが、ここでは「計算を簡単にするためにする道具」なのだと考えていただければ結構です。

オイラーの公式

複素数の世界では**オイラーの公式**という次式のような有名な公式があります。

$$e^{j\phi}=\cos\phi+j\sin\phi \tag{6.6}$$

ここでeは、自然対数の底で、$e=2.71828$……と無限に続く無理数になります。

この式の意味を理解しやすくするために、図6-3のように、横軸を実数軸に、縦軸を虚数軸に取ったグラフ(**複素平面**といいます)を描いてみましょう。

このとき、$e^{j\phi}$は、半径1の円になります(**単位円**といいます)。ϕを0からだんだん大きくしていくと、$e^{j\phi}$は原点を中心に反時計回りにぐるぐる回転します。

これを実軸側から見ると、コサイン関数になります。また虚軸側からみるとサイン関数になります($e^{j\phi}=\cos\phi+j\sin\phi$だから当然ですね)。

このように、$e^{j\phi}$を使えば、サイン関数とコサイン関数を1つの関数で同時に表現することができるのです。

複素フーリエ級数展開

上記の関係を使って、式(6.1)および式(6.3)のフーリエ級数展開の式を書き換えれば、次のようになります。

$$f(t)=\sum_{k=-\infty}^{\infty}c_k e^{j\frac{2\pi k}{T}t} \tag{6.7}$$

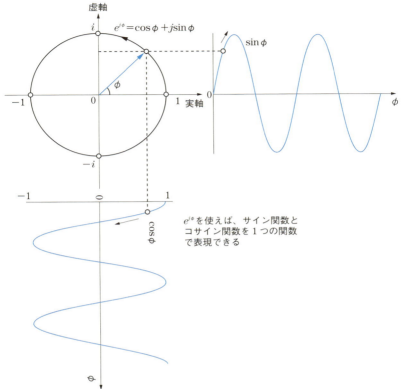

図6-3●オイラーの公式を図解する（2つの関数を1つの式で表せる）

$$c_k = \frac{1}{T}\int_{-T/2}^{T/2} f(t)\, e^{-j\frac{2\pi k}{T}t}\, dt \tag{6.8}$$

　上式は、式（6.1）や式（6.3）に比べて、かなりすっきりしていることがわかります。式（6.7）を**複素フーリエ級数展開**といい、c_kを**複素フーリエ係数**といいます。

　この式を見ると、式（6.1）でkの範囲が0～∞だったのに対して、式（6.7）では－∞～∞になっています。kは周波数でしたから、「マイナスの周波数」も必要になります。このマイナスの周波数は、図6-3で、$e^{j\phi}$が時計回りに回転し

たときにできる波の周波数に相当しますが、単に計算上の都合で出てくるものと考えて差し支えありません。

また、式 (6.3) のフーリエ係数 a_k、b_k と式 (6.8) の c_k との間には、次のような関係があります。

$$\begin{cases} c_0 = a_0 \\ c_k = \dfrac{a_k - jb_k}{2} & (k > 0) \\ c_k = \dfrac{a_k - jb_k}{2} & (k < 0) \end{cases} \tag{6.9}$$

上式の c_k の絶対値 $|c_k|$ は、式 (6.9) より、

$$|c_k| = |c_{-k}| = \sqrt{\left(\dfrac{a_k}{2}\right)^2 + \left(\dfrac{b_k}{2}\right)^2} = \dfrac{\sqrt{a_k^2 + b_k^2}}{2} \tag{6.10}$$

となります。これを**振幅スペクトル**といいます。また、$|c_k|^2$ を**パワースペクトル**といいます。これらは、対象としている信号の中に周波数 k の成分が、どれくらいの大きさで含まれているかを示すものです。

式 (6.10) より、k と $-k$ の場合で、それぞれの振幅スペクトル $|c_k|$ の値は同じになりますので、振幅スペクトルのグラフは原点を中心に左右対称のグラフとなります。また、c_k が実軸となす角を偏角といい $\angle c_k$ で表すと、

$$\angle c_k = \tan^{-1} \dfrac{b_k}{a_k} \tag{6.11}$$

となり、これを**位相スペクトル**といいます。もとの関数 $f(t)$ の位相がずれた（つまり時間方向に平行移動した）とき、位相スペクトルの結果は変わりますが、振幅スペクトルやパワースペクトルの結果は同じになります。

一番知りたいことは、関数 $f(t)$ にどのような周波数成分が含まれているのかということですので、位相スペクトルよりも、振幅スペクトルやパワースペクトルの方が重要となります。

図6-4に、複素フーリエ級数展開による振幅スペクトルの例を示します。なお、図では関数$f(t)$の範囲を、$-\frac{T}{2}\sim\frac{T}{2}$ではなく、$\frac{T}{2}$だけ右方向（$t$のプラス方向）にずらして、$0\sim T$としています。

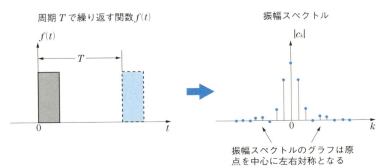

図6-4●複素フーリエ級数展開による振幅スペクトルの例

6-3 離散フーリエ変換（DFT）

フーリエ級数では、連続関数（アナログ関数）$f(t)$を扱いましたが、コンピュータ内では、すべての関数はとびとびの値として扱われます。たとえば1次元の関数は、コンピュータの中では、図6-5のような形で扱われます。

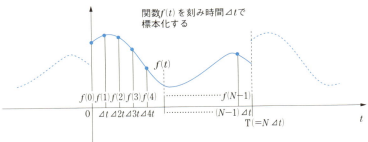

図6-5●標本化された関数

図6-5は、周期Tの関数$f(t)$をN個に分割して、とびとびに表現したものです（離散的）。これは、1次元信号に対する標本化（17ページ参照）に相当します。時間TをN分割しますので、標本化は、$\frac{N}{T}=\Delta t$ごとに行われることになります。このようにすれば、関数$f(t)$は1次元信号$f(n)$ ($n=0, \ldots, N-1$)として表現できます。

　つまり、コンピュータ内では、1次元信号は図6-5内のΔtごとの丸（●）印で示した数値の並びとして表されます。

離散フーリエ変換と離散フーリエ逆変換

　上記のように標本化された関数$f(n)$に対する、複素フーリエ級数式(6.7)、式(6.8)に相当する式は、以下のようになります。

$$f(n)=\frac{1}{N}\sum_{k=0}^{N-1}F(k)\,e^{j\frac{2\pi k}{N}n} \tag{6.12}$$

$$F(k)=\sum_{n=0}^{N-1}f(n)\,e^{-j\frac{2\pi k}{N}n} \tag{6.13}$$

　上式は、複素フーリエ級数の式(6.7)、式(6.8)に対して、時間tがnに、周期TがNに、またc_kが$F(k)$に対応すると考えれば、両者はかなり似た形になっていることが分かります。ただし、式(6.8)の方は積分だったものが、Σの式となっています。これは、連続関数$f(t)$が離散関数$f(n)$になったためです。

　つまり、式(6.13)は、時間領域の離散関数$f(n)$を、周波数領域の離散関数$F(k)$に変換する式と考えることもできます。そこで、この式を**離散フーリエ変換**（Discrete Fourier transformation: **DFT**）と呼びます。

　いま、$F(k)$の実数および虚数部分を、それぞれ$\mathrm{Re}(F(k))$、$\mathrm{Im}(F(k))$のように表せば、振幅スペクトルは、

$$|F(k)|=\sqrt{\mathrm{Re}(F(k))^2+\mathrm{Im}(F(k))^2}$$

により求められます。またパワースペクトルは、

$$|F(k)|^2 = \mathrm{Re}(F(k))^2 + \mathrm{Im}(F(k))^2$$

により求められます。

式(6.12)の方は、逆に$F(k)$を$f(n)$に変換しますので、**離散フーリエ逆変換**（Inverse Discrete Fourier transformation: **IDFT**）と呼びます。

信号変換例

コンピュータで扱われる信号はすべて離散信号ですので、信号に含まれる周波数成分を調べたい場合は、DFTが使われます。また、周波数領域に変換された信号$F(k)$はIDFTを使って、元の信号$f(n)$に戻すことができます（図6-6）。

離散フーリエ変換（DFT）

時間領域 ⇄ 周波数領域

離散フーリエ逆変換（IDFT）

図6-6●DFTとIDFT

図6-7に、$N=12$の場合の1次元信号$f(n)$を、DFT（離散フーリエ変換）で周波数領域に変換した例を示します（図6-4を離散化したものに相当します）。ただし、周波数領域のグラフは、振幅スペクトル$|F(k)|$を示します。

図のように、時間領域の関数も周波数領域の値も周期的に繰り返していますが、実質的には$0 \sim N-1$までのN個の値だけを見ればいいのです。

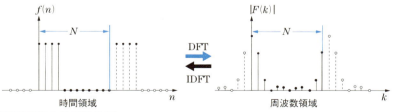

図6-7●DFTによる変換の例

DFTの計算方法

ここで、DFTの式の計算方法について、もう少し詳しく見てみることにしましょう。いま、式(6.12)、と式(6.13) で $w=e^{-j\frac{2\pi}{N}}$ とおくと、これらの式は以下のように書き換えられます。

$$f(n)=\frac{1}{N}\sum_{k=0}^{N-1}w^{-kn} \tag{6.14}$$

$$F(k)=\sum_{k=0}^{N-1}f(n)w^{kn} \tag{6.15}$$

上記の式中にある w^{nk} は、$N \times N$ の要素を持つ行列と考えることができます。たとえば、$N=4$ の場合、行列を W とおくと以下のようになります。

$$W=\begin{bmatrix} w^0 & w^0 & w^0 & w^0 \\ w^0 & w^1 & w^2 & w^3 \\ w^0 & w^2 & w^4 & w^6 \\ w^0 & w^3 & w^6 & w^9 \end{bmatrix} \tag{6.16}$$

また $F(k)$、$f(k)$ もベクトル F、f を用いて表せば、以下のようになります。

$$\boldsymbol{f}=[f(0),f(1),f(2),f(3)]^t$$
$$\boldsymbol{F}=[F(0),F(1),F(2),F(3)]^t$$

このとき、式(6.15) は、以下のように表現できます。

$$\begin{bmatrix} F(0) \\ F(1) \\ F(2) \\ F(3) \end{bmatrix} = \begin{bmatrix} w^0 & w^0 & w^0 & w^0 \\ w^0 & w^1 & w^2 & w^3 \\ w^0 & w^2 & w^4 & w^6 \\ w^0 & w^3 & w^6 & w^9 \end{bmatrix} \begin{bmatrix} f(0) \\ f(1) \\ f(2) \\ f(3) \end{bmatrix} \tag{6.17}$$

つまり、離散フーリエ変換は、上記のような行列の計算になるのです。上式を行列とベクトルの記号を使って書けば、

$$F = Wf$$

となります。式(6.14) のDFTの方も、上記と同様に行列の計算になります。

　ところで、式(6.17) のように、$N=4$の場合は$4×4=16$個のかけ算と$4×3=12$個の足し算の計算を行うことになります。しかし、普通は図6-7のデータの個数Nは、何千個にもなることが少なくありません。この場合、膨大なかけ算や足し算が必要になり、その結果を得るのにも大変な時間がかかります。そこで、DFT（離散フーリエ変換）を高速に計算する**高速フーリエ変換（Fast Fourier Transformation: FFT）**という計算方法が考えられています。

　たとえば、式(6.17) を見ると、行列の要素の並び方に規則性があることがわかります。このため、DFTの計算では、同じかけ算が何度も出てくることになります。このようなときは、同じかけ算は1度にまとめて行うようにするなど、うまく工夫することで計算の高速化が可能になるのです。

6-4 離散コサイン変換（DCT）

偶関数と奇関数

　DFT（離散フーリエ変換）を使えば、後の章でも述べるように画像のフィルタリングを行ったり、画像を圧縮することができます。DFTはとても便利な道具なのですが、計算するときに複素数が出てくるのが少々面倒なところです。

　そこで登場するのが**離散コサイン変換（Discrete Cosine Transform: DCT）**です。

　もういちど、95ページのフーリエ級数の式(6.1) を見てください。これは、どのような関数であっても、様々な振幅のコサイン波とサイン波を足しあわせることで表現できるというものでした。

ところで、コサイン波は、図6-8のように$t=0$における縦軸を境に左右対称となっています。このような関数を**偶関数**といいます。一方、サイン波は、原点を中心に点対称となっています。これを**奇関数**といいます。

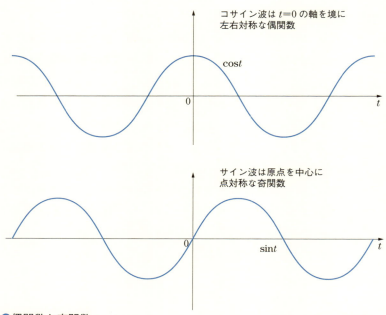

図6-8●偶関数と奇関数

離散コサイン変換の考え方

　いま、式(6.1)でフーリエ級数展開される関数$f(t)$が偶関数だったとします。このとき、この関数は偶関数のコサイン波だけの加えあわせで表現することができます。つまり、サイン波の係数b_kは、すべて0になります（ちなみに$f(t)$が奇関数の場合は、サイン波だけで表現できます）。

　複素フーリエ級数展開では、コサイン波とサイン波をまとめて表現するために式(6.7)のように複素数を使いましたが、$f(t)$が偶関数の場合は、コサイン波だけで関数$f(t)$を級数展開することができるため、フーリエ係数も実数だけで十分となります。

同じ考え方は離散フーリエ変換についても成り立ちます。N個のデータからなる関数$f(n)$が与えられたとき、これを図6-9のように$f(n)$を左右反転させたものを付け加えて、$2N$個のデータを持つ関数にしてみましょう。これは偶関数になりますので、コサイン波だけの重ね合わせで表現できることになります。

ですから、この偶関数を離散フーリエ変換（DFT）すれば、変換された係数はすべて実数になります。じつはこれが、離散コサイン変換（DCT）の考え方なのです。

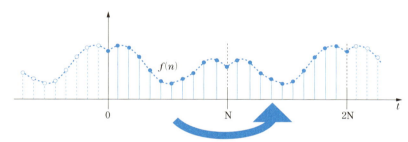

$f(n)$を左右反転させたものを付け加えて
$2N$個のデータを持つ関数にする

図6-9●関数を偶関数にする

DCTを使えば、任意の偶関数$f(n)$は、様々な周波数の離散的なコサイン波の組み合わせで表現でき、その振幅も実数になります。

DCTには、いくつかのタイプがありますが、代表的なものを以下に示します。

$$F_c(n) = C(n) \sum_{k=0}^{N-1} f(k) \cos\left(\frac{(2k+1)n\pi}{2N}\right) \tag{6.18}$$

また、**離散コサイン逆変換（Inverse Discrete Cosine Transform: IDCT）** は、以下のようになります。

$$f(n) = \frac{2}{N} \sum_{k=0}^{N-1} C(k) F_c(k) \cos\left(\frac{(2n+1)k\pi}{2N}\right) \tag{6.19}$$

ここで、

$$C(p) = \begin{cases} 1/\sqrt{2}, & p=0 \\ 1, & p \neq 0 \end{cases} \tag{6.20}$$

となります。

DFTの式(6.12)、式(6.13)に、複素数が使われていたのに対して、DCTの式(6.18)、式(6.19)にはコサインだけが使われていることが分かります。

DCTにより、関数$f(n)$を様々な周波数の離散的なコサイン波に分解することができます。$N=8$の場合における、これらの離散的なコサイン波を図6-10に示します。このようなコサイン波の集合のことを**基底**といいます。$N=8$つまり8個の数値で標本化された任意の関数 は、図のような基底を適当な振幅で足しあわせることで、表現できるということです。

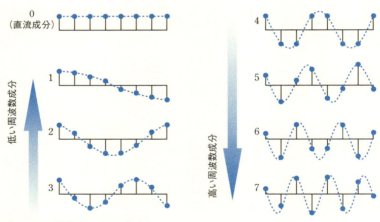

図6-10●$N=8$の場合のDCTの基底

なお、DFT（離散フーリエ変換）で対象とする周期関数は、図6-11(a)のように継ぎ目のところで関数の値が急激に変化します。この急激な段差は高い周波数成分に相当しますが、これにより本来存在しない周波数成分が現れ、問題が生じることがあります。

これに対して、DCT（離散コサイン変換）で対象とする関数は、図6-11(b)

のように継ぎ目のところで段差無く接続しているため、DFTのような問題が生じないのも特長といえます。

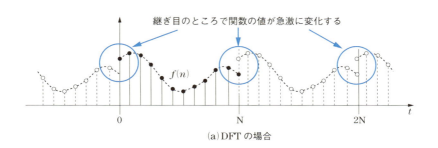

(a) DFT の場合

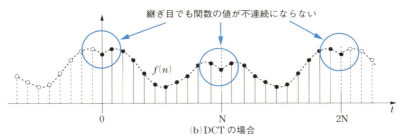

(b) DCT の場合

図6-11●DFTとDCT

なお、DFTやDCT以外にもいろいろなタイプの変換があり、これらをまとめて**直交変換**と呼びます。

6-5 縞模様と周波数の関係

以上では、1次元の信号に対するフーリエ変換についての話をしました。ここからは、2次元の信号である画像のフーリエ変換について見てみることにしましょう。

先に述べたように、どのような信号波形であっても、いろいろな周波数の三角関数（サイン波やコサイン波）に分解でき、逆に周波数の異なる三角関数を適当に重ね合わせることにより、任意の信号波形を合成できます。

この原理を画像にあてはめて考ると、どうなるでしょうか。そもそも画像の周波数とはいったいどんなものなのでしょうか。

じつはこれは、それほど難しいものではありません。たとえば、図6-12にあるタテの縞模様を見てください。これは濃度値が横（x軸）方向にサイン波状に明るくなったり暗くなったりしている画像です。

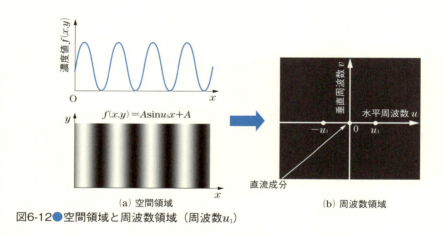

(a) 空間領域　　　　　　　　　(b) 周波数領域

図6-12●空間領域と周波数領域（周波数u_1）

画像は、x, y座標における濃度値$f(x, y)$として表されることを20ページで述べました。このとき、濃度値の変化の周波数をu_1、濃度値の振幅をAとすると、上記のタテの縞画像は

$$f(x, y) = A\sin u_1 x + A$$

のように表されます。ここで、サイン波$A\sin u_1 x$にAが加えてあるのは、濃度値$f(x, y)$が常に正の値となるようにするためです。

音や電波の周波数は、一定の時間に変化する振動の回数のことですが、画像の場合、時間でなく空間に対する振動の回数なので、これを**空間周波数**といいます。

さて、縦軸と横軸に、それぞれ画像のx軸およびy軸方向に対応する空間周

波数uとvをとれば、この縞模様の画像は図6-12(b)のグラフとなります。ただし、このグラフでは濃度値の振幅の大きさは、その周波数における点の明るさとして表現しています（振幅が大きいほど明るい点となり、振幅が小さくなると暗い点となります）。

図6-12(a)の縦縞画像の場合、x軸方向に周波数u_1を持ちますが、y軸方向には明るさの変化はないため、$v_1=0$となり、結局$(u_1, 0)$の点が明るくなります。100ページでも述べたように、これと原点に対して対称な$(-u_1, 0)$にも同じ明るさの点が現れます。

また、原点$(0, 0)$にも明るい点が現れます。$f(x, y)$が正の値となるように与えた定数Aは、周期が無限大（すなわち周波数が0）の波に相当するため、原点にも値を持つのです。このような、$(0, 0)$における空間周波数成分は、97ページでも述べた**直流成分**に相当するものです。

図6-13(a)には、先の場合より高い周波数成分u_2を持つ縞模様を示します。これを周波数領域のグラフで表せば、図6-13(b)のように$(u_2, 0)$、$(0, 0)$、$(-u_2, 0)$に明るい点が生じます。

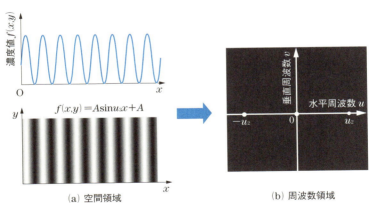

(a) 空間領域　　　　　　　　(b) 周波数領域

図6-13 ● 空間領域と周波数領域（周波数u_2）

図6-14と図6-15に、縞模様の方向を様々に変化させた場合の周波数領域のグラフを示します。一般に濃淡値がサイン波状に変化する縞模様の画像は、

$$f(x, y) = A\sin(u_1 x + v_1 y) + A$$

で与えられます。

横縞の場合は、縦方向に明るくなったり暗くなったりの変化があるため、

$$f(x, y) = A\sin v_1 y + A$$

となり、周波数のグラフでは、$(0, v_1)$、$(0, 0)$、$(0, -v_1)$ に明るい点が生じます（図6-14）。

また、斜め方向の縞模様の画像の場合、右下がりの縞模様であれば、(u_1, v_1)、$(0, 0)$、$(-u_1, -v_1)$ に明るい点が生じます（図6-15）。

一方、右上がりの縞模様であれば、$(-u_1, v_1)$、$(0, 0)$、$(u_1, -v_1)$ に明るい点が生じます。

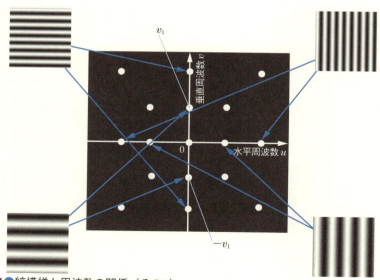

図6-14●縞模様と周波数の関係（その1）

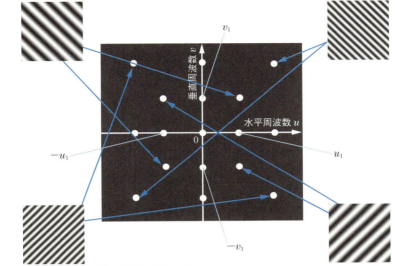

図6-15●縞模様と周波数の関係（その2）

では次に、波を重ねあわせた場合の画像について見てみましょう。たとえば、周波数v_1の縦縞と周波数u_1の横縞の画像を足しあわせると、図6-16のような画像になります。

縦縞を$f(x, y) = A\sin(u_1 x) + A$、横縞を$f(x, y) = A\sin(v_1 y) + A$とすると、重ね合わせた画像は、

$$f(x, y) = A\sin(u_1 x) + A\sin(v_1 y) + 2A$$

になります。この足しあわせた画像を周波数の世界で表すと、それぞれの波に対応する周波数のところに点で表現されます。

以上の話で、画像の周波数が、様々な縞模様に対応するということが分かっていただけたと思います。96ページで述べたフーリエ級数展開の考え方を2次元の画像にあてはめれば、任意の画像$f(x, y)$は、このような様々な周波数と振幅を持つ縞模様の画像を足しあわせることで表現できるということになります。

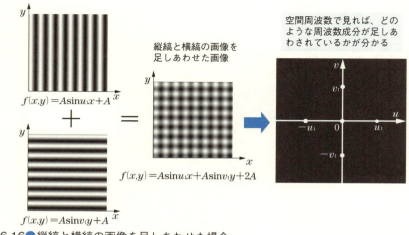

図6-16 ● 縦縞と横縞の画像を足しあわせた場合

6-6 2次元離散フーリエ変換

　画像は、x, y座標における濃度値$f(x, y)$として表されます。1次元信号に対するDFTの式（6.12）、式（6.13）は、画像$f(x, y)$に対しても拡張できます。

　たとえば、$M×N$画素で標本化された画像があったとき、x方向には$[0, M-1]$、y方向には$[0, N-1]$の範囲で濃度値$f(x, y)$を持ちます。このとき、$W_M = e^{-\frac{2j\pi}{M}}$、$W_N = e^{-\frac{2j\pi}{N}}$とすれば、次のように2次元に拡張することができます。

$$f(x, y) = \frac{1}{MN} \sum_{k=0}^{M-1} \sum_{l=0}^{N-1} F(k, l) W_M^{-xk} W_N^{-yl} \tag{6.21}$$

$$F(k, l) = \sum_{x=0}^{M-1} \sum_{y=0}^{N-1} f(x, y) W_M^{xk} W_N^{yl} \tag{6.22}$$

　式（6.21）が2次元IDFTに、式（6.22）が2次元DFTになります。式（6.12）、式（6.13）と比較してみると、1次元のDFTでは、変数が1つだったためΣも1つだけでしたが、2次元になると2つの変数に対して足しあわせをしていく必要があるため、Σが2つついています。しかし、式の形式は同じです

ので、1次元からを素直に2次元に拡張したものだということが分かると思います。

パワースペクトルも、1次元の場合と同様に、

$$|F(k, l)|^2 = \mathrm{Re}\,(F(k, l))^2 + \mathrm{Im}\,(F(k, l))^2$$

により求められます。

図6-17に、左側の写真をDFTにより、周波数領域のグラフに変換した結果を示します。周波数領域の図では、主に原点付近が明るくなっていますが、これは画像に低い周波数の成分が多く含まれていることを意味します。

図6-17の(a)と(b)の右側の周波数領域のグラフを比べてみると、(b)のグラフの方が、広い範囲で明るくなっていることが分かります。これは、この写真には高い周波数成分が比較的多く含まれていることを示します。高い周波数成分は、画像で濃度値が急激に変化している部分に対応し、(b)の写真にはそのような部分がたくさん含まれているわけです。

(a) 低い周波数成分を多く含む場合

(b) 高い周波数成分を多く含む場合

図6-17 ● 2次元DFT

なお、2次元DFTにも1次元の場合と同様に高速演算ができる2次元FFTがあり、通常の計算では2次元FFTの方が使われます。

6-7 2次元 DCT

DFT（離散フーリエ変換）と同様に、1次元のDCT（離散コサイン変換）の式(6.18)、式(6.19) も2次元に拡張できます。ここでは2次元DCTの式は省略しますが、図6-18に、$M=8$、$N=8$としたときの2次元DCTの基底を示します。

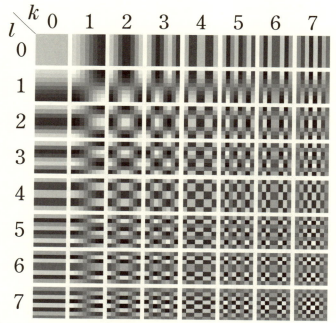

図6-18●$N=8$、$M=8$の場合の2次元DCTの基底

これは、図6-10の1次元DCTの基底を2次元にしたものに相当します。この図で、$k=l=0$の場合が、直流成分に対応します。$l=0$の場合、右側に行くほど水平方向の周波数が高くなっていくことが分かります。また、$k=0$の場合は、下に行くほど垂直方向の周波数が高くなります。kとlをともに大きくしていけ

ば、縦および横の周波数がともに高くなっていき、$k=l=7$でもっとも周波数が高くなります。

任意の8×8画素の画像は、図6-19のように、これらの基底画像を適当な振幅で足しあわせることで表現することができるわけです。なお、DCT（離散コサイン変換）は、DFT（離散フーリエ変換）の変形ですので、FFT（高速フーリエ変換）と同様な高速演算法が存在します。

DCTを用いた画像圧縮は高い圧縮率が得られることから、デジタルカメラの画像圧縮やデジタル放送などの動画像の圧縮技術で頻繁に利用されています（7、8章参照）。

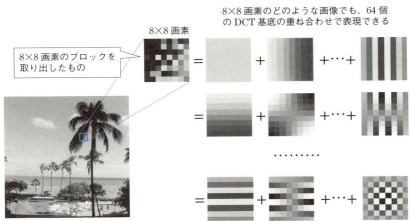

図6-19●8×8画素の画像は64個のDCT基底の重ね合わせで表現できる

Chapter 7

静止画と圧縮の
しくみ

Chapter 07 静止画と圧縮のしくみ

7-1 フーリエ変換とフィルタ

　前章では、フーリエ変換やDCTのしくみについて述べましたが、本章では、それらを応用した画像のフィルタや圧縮のしくみについての話をします。

　画像はデータ量が多いため、通常は画像の品質をできるだけ落とさずに画像のデータ量を減らす、いわゆる「画像圧縮」が行われます。画像圧縮では、6章で述べたフーリエ変換の考え方が使われています。

周波数をカットしてみる

　ここでフーリエ変換を使って、ちょっと面白い実験をしてみましょう。図7-1を見てください。画像をいったんDFTにより周波数領域に変換し、そこから低い周波数の部分だけを切り取る（つまり値を0にする）ことにします。周波数領域の図で、中央が円状に黒くなっている部分が切り取られた部分です。そして、それをIDFTにより元の画像に戻したらどうなるでしょうか。

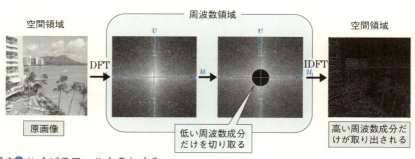

図7-1●ハイパスフィルタのしくみ

　その結果が、図の右端の写真になります。これを見ると、輪郭の部分だけが取り出されていることが分かります。これは、輪郭部分は急激な濃度値の変化を持っており（55ページで説明）、高い周波数成分に相当するものだからです。

　上で述べた操作は、元の画像から低い周波数成分だけをカットして高い周波

数成分を残すようにしたので、輪郭部分だけが取り出されたわけです。このような処理のことを**ハイパスフィルタ**と言います。高い（ハイな）周波数成分だけがパス（通過）するフィルタだからです。

では先ほどとは逆に、高い周波数成分の方をカットして、低い周波数成分を残してIDFTを行ってみたらどうなるでしょうか。図7-2は、画像をDFTにより周波数領域に変換し、そこから高い周波数成分だけをカットして、IDFTにより元に戻したものです。

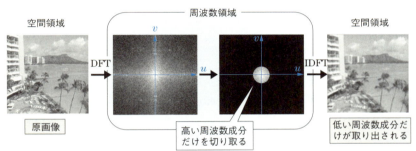

図7-2●ローパスフィルタのしくみ

右端の図では、画像が少しぼやけた感じになっているのが分かります。これは、高い周波数成分を持つ輪郭部分が取り除かれてしまったためです。この処理は、低い周波数を通過させるフィルタなので**ローパスフィルタ**といいます。

ところで、元の画像から低い周波数成分を取り除いた図7-1の右端の結果と、高い周波数成分を取り除いた図7-2右端の結果を比べてみると、図7-2の方は、若干ぼやけているものの原画像にかなり近いということが分かります。これは、もともと自然な画像には、低い周波数成分が多く含まれ、高い周波成分はあまり含まれていないからです。また、人間の目は、高い周波数成分にあまり敏感ではないという性質があります。

したがって、画像から少しくらい高い周波数成分を取り除いても、人間の目にはあまり分からないのです。後で述べる画像圧縮では、この性質をうまく利用しています。ただし、実際の画像圧縮では上で使ったDFTよりも、116ページで述べたようにDCT（離散コサイン変換）の方が、よく使われています。

フィルタ処理

3章でも、オペレータを使って輪郭を強調したり、画像をボケさせる平滑化フィルタを紹介しました。じつは、オペレータを使うフィルタ処理と上記のDFT（離散フーリエ変換）を使うフィルタ処理は、計算の仕方は違っていても、本質的には同じものなのです。

どちらの方法が優れているかというのは一概にはいえませんが、一般にフーリエ変換を使う方法だと、どの周波数を取り出すかということをしっかりと決めることができるので、比較的厳密なフィルタを設計することができます。

これに対して、フィルタ行列を使う方法だと、周りの画素にどのような数字をかけて足し合わせるかということを、経験的な手作業でやっていく場合が多く、それほど厳密なものではありません。

一方で、フーリエ変換を使う方法では、フィルタの処理に計算時間がかかる場合が多いのですが、フィルタ行列を使う方法は、フィルタ行列の大きさがそれほど大きくなければ計算が速いという特長があります。そこで、フォトレタッチソフトなどでは、フィルタ行列の方がよく使われています。

7-2 標本化定理とエリアシング

縮小し解像度さげる

前節で述べたローパスフィルタは、画像処理のいろいろな場面で使われています。図7-3は、主に線画により描かれた原図を縮小したものです。左側の図を縮小したものを右側の図に示しています。

縮小の仕方は、画素を5つおきに間引いて1／5の大きさにしました。この図をよく見ると、文字や線で描かれた部分がつぶれてしまい、元の図面には存在しない形状が現れていることが分かります。

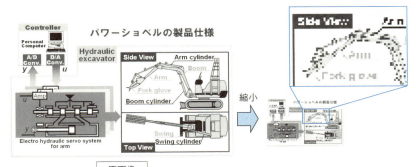

図7-3 ● 線画像を縮小すると表示がおかしくなる

なぜこのようなことが起きるのでしょうか。

白地に黒で描かれた線は、輪郭の部分で急激に濃度値が変化します（図3-9参照）。ということは、その部分で高い周波数成分を持つということです（高い周波数成分を重ね合わせないと、急激な濃度値の変化が作り出せないということです）。

一方で、画像を縮小して画像の解像度を下げる（つまり画素の数を減らして）やると、その解像度で表現可能な周波数成分に限界が出てきます。

解像度一定で、表現できる周波数

では、解像度が一定の場合、どの程度の周波数までを表現できるのでしょうか。

ここでは、分かりやすくするために、1次元の信号で考えてみましょう。

解像度が一定ということは、図7-4(a)に示すような、1次元信号を標本化する間隔Δxが一定ということです（図6-5参照）。このとき、標本化周波数は、$u_s = \dfrac{1}{\Delta x}$となります。

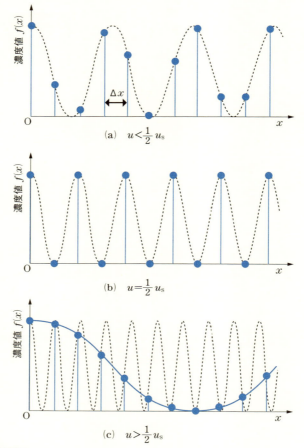

図7-4●標本化定理

　図7-4(a)では、比較的低い周波数uのコサイン波（破線の波形）を標本化しています。図中の●印が標本化された点ですが、この点を通るコサイン波（周波数がu以下のもの）は1つしかないので、もとのコサイン波を再現することができます。

　次に、もう少し周波数を高くして、コサイン波の周波数を$u=\dfrac{u_s}{2}$としたものが(b)です。このときも、●印の標本化点を通るコサイン波は唯一に決まる

ので、何とかコサイン波を再現できます。

では、(c)のように周波数を$u > \frac{u_s}{2}$にしたらどうでしょうか。このとき、●印を通るサイン波は本来の破線の波形とは別に、かなり低い周波数の波形（図中の実線）も現れてしまいます。

じつは、「標本化周波数がu_sのとき、周波数が$\frac{u_s}{2}$を超える波形は再現できない」ということが理論的に分かっています。これを**標本化定理**（または**サンプリング定理**）といいます。

つまり、標本化周波数の1／2を超える周波数成分を持つ波形を、無理に標本化しようとすると、図7-4(c)の実線のような本来存在しないはずの周波数成分（これを**エリアシング**といいます）が現れてしまいます。

ここで、もう一度図7-3の右端の画像を見てください。文字や線がつぶれて、本来の画像とは異なった模様が現れている部分があります。これが、高い周波数成分を無理に標本化したために現れたエリアシングなのです。

アンチエリアシング

では、このようなエリアシングが起きないようにするには、どうすればよいのでしょうか。

画素数（標本化周波数）が決まっている場合、表現可能な最大の周波数（これを**ナイキスト周波数**ともいいます）は、標本化定理で$\frac{u_s}{2}$と決まっています。もし、それを超えるとエリアシングが生じるわけですから、ナイキスト周波数を超える成分をカットしてしまえばよいのです。つまり、121ページで述べたローパスフィルタを使えばいいのです。

図7-5の左図は、図7-3の左図にローパスフィルタをかけて、高周波成分を取り除いたものです。それを縮小したものが図7-5右端の図です。

これを見ると、図7-3で生じていたエリアシングが現れていないことが分かります。画像は少しボヤケていますが、ローパスフィルタを使わない場合と比べると、ずっと自然な画像になることが分かります。このようにエリアシング

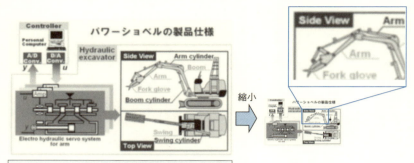

図7-5● ローパスフィルタをかけてから縮小

の影響を小さくする処理を**アンチエリアシング**といいます。

　一般に、デジタルカメラで撮影された自然な写真の場合は、それほど高い周波数成分は含まれていないので、縮小してもエリアシングが生じることは少ないのです。しかし、白地に黒い文字や線で描かれたようなコントラストのはっきりした（高周波成分を多く含む）画像の場合、図7-3のようにエリアシングがはっきりと現れます。

　ただし、ワープロやフォトレタッチソフトに貼り付けた画像をそのソフトの上で縮小しても、エリアシングが生じない場合があります。これは、そのソフトが気を利かせて、ローパスフィルタをかけながら縮小しているからです。最近の画像処理ソフトでは、このような処理をするものが多くあります。

7-3 カラー画像と圧縮

　さて、ここからは、画像の圧縮の話をしていきたいと思います。画像データは、情報量がとても多いため、41ページで書いたように、RGBの濃度値をそのまま画素ごとに記録していると、データ量が大きくなりすぎてしまいます。

　たとえば、720×480画素の画像を24ビットカラーで記録するためには、720×480×24=8,294,400bit=約8Mbyteにもなってしまいます。このままでは、デジタルカメラのメモリに記録できる画像の枚数も少なくなってしまいます。

そこで、画像データの圧縮技術が、とても重要になります。画像の圧縮方法には、様々な方法がありますが、ここではインターネット、デジタルカメラ、カラーファクシミリなどで広く使われているJPEG圧縮に基づいてそのしくみを説明しましょう。

JPEGという名前は、静止画の画像圧縮の方式を標準化する作業を行ったグループの名前（Joint Photographic coding Experts Group）の頭文字からきています。ただし、JPEG規格自体は、詳細なフォーマットまでは定めていないため、一般には**JFIF**（JPEG File Interchange Format）形式か、それを拡張した**Exif**（Exchangeable Image File Format）形式がよく使われています。

YC_bC_rで記録する

JPEGは様々な圧縮方式に対応しているのですが、ここでは最もよく使われる基本方式と呼ばれる方式について見てみることにしましょう。

まずはじめに、カラー画像の扱いについて述べます。JPEG（JFIF形式）では、カラー画像をYC_bC_rと呼ばれるカラーモードで記録します。

RGBからYC_bC_rへの変換式は次の通りです。

$$\begin{cases} Y = 0.299R + 0.587G + 0.114B \\ C_b = 0.564(B-Y) = -0.169R - 0.331G + 0.500B \\ C_R = 0.713(R-Y) = 0.500R - 0.419G - 0.081B \end{cases} \quad (7.1)$$

上記のYは、45ページの式(2.2)と同じもので、輝度信号を表します。また、C_bC_rは、それぞれB成分とR、Y成分との差に比例するものなので、色差成分と呼ばれます（ちなみに、式(2.3)のIQも同様に色差信号と呼ばれます）。

YIQは、NTSCと呼ばれるアナログテレビ放送（164ページ参照）で使われていますが、YC_bC_rは、JPEGやBlu-ray、デジタル放送の一部などで使われています。もともと、YIQは、初期のカラーブラウン管の性能に基づいて決められたものですが、ディスプレイの性能向上が進んだため、それに合ったYC_bC_rの方がよく使われるようになっています。

図7-6に、カラー写真をRGBに分解した例を、また図7-7にはYC_bC_rに分解した例を示します。

オリジナル画像

分解

R成分　　　　　　　　G成分　　　　　　　　B成分

図7-6●RGB成分への分解

オリジナル画像

分解

Y成分　　　　　　　　C_b成分　　　　　　　　C_r成分

図7-7 ● YC_bC_r成分への分解

色差成分を間引く

　両者を比較してみると、カラー画像をRGBに分解した場合に比べて、YC_bC_rに分解したときの色差成分C_bC_rのコントラストが低くなっていることが分かります。このように、人間の目は輝度に比べて色差には鈍感なのです。

　そこで、通常、C_bC_r成分の画素を間引いて少なくすることで、情報の削減が行われます。

たとえば、図7-8のように、縦横2×2に並んだ4画素を1画素に置き換えて、1/4の大きさに縮小して記録するのです（この操作を**サブサンプル**といいます）。

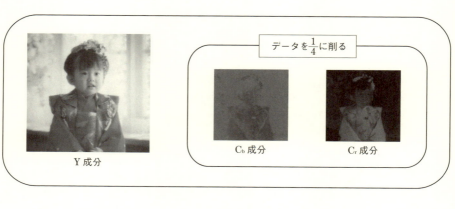

図7-8● $C_b C_r$ 成分の削減

このように色差成分を削減しても、元のカラー画像の画質の変化は、人間の目にはほとんど分かりません。

上記の場合は、Y 成分が4画素に対して、$C_b C_r$ 成分それぞれを1画素分に間引いていますので、これを $Y：C_b：C_r＝4：1：1$ のように表現します。

$C_b C_r$ の間引きかたには、Y 成分4画素に対して、$C_b C_r$ 成分それぞれを2画素分に間引く $Y：C_b：C_r＝4：2：2$ もあります。こちらの方が、4：1：1よりも画質

は高くなります。

　またBlu-rayなどの動画像では、最初のフィールド（145ページ参照）でY成分2画素に対して、C_b成分を1画素になるように記録し、次のフィールドでY成分2画素に対して、C_r成分を1画素になるように交互に記録することで、色差成分を間引く方法もあり、これは$Y：C_b：C_r＝4：2：0$のように表現します。

　なお、C_bC_rを間引かない場合は、$Y：C_b：C_r＝4：4：4$となります。Blu-rayプレーヤ等では色表現の質を高めるために、4：2：0から4：4：4への変換（アップサンプリング）を行うものもあります。

7-4 DCT を使った圧縮

　前節では、カラー画像をYC_bC_rの3つの成分に分解し、C_bC_r成分をサブサンプルするという話をしました。これらの3つの成分は、画像のサイズは異なりますが、それぞれをモノクロの画像とみなすことができます。以下では、それらに対する次の処理について述べます。

　一般的なJPEGでは、121ページで述べたように、「人間の目は画像の低い周波数成分には敏感だが、高い周波数成分にはあまり敏感ではない」という特徴をうまく利用して、DCTを使って高周波成分を減らすことで、画像の見た目をできるだけ変えずにデータを削減します。

　さて、JPEGでは、画像全体にDCTを施すのではなく、まず画像全体を8×8の64画素のブロックに分割して、それぞれのブロックごとにDCTを施します。これは、画像を小さなブロックに分割した方が、DCTの計算が速くなるからです。ここで、なぜ8×8なのかというと、8×8より小さなブロックサイズにすると今度は、計算誤差が大きくなり、画質が劣化するからです。

　図7-9に示すように、8×8のブロックごとにDCTを施して求められた周波数の分布は、8×8のサイズになります。このうち、左上が低い周波数成分、右下が高い周波数成分を表します。また、一番左上の成分は直流（DC：Direct Current）成分です（97ページ参照）。それ以外の成分は交流（AC：Alternating Current）成分になります。

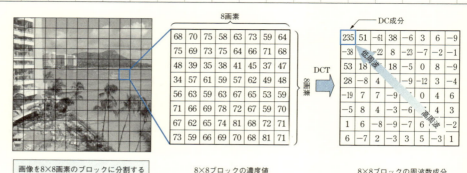

図7-9●8×8ブロックのDCT

ここで、高い周波数成分をカットすることで、データの削減を行います。具体的には、図7-10の中央に示すような数字の列（これを**量子化行列**といいます）でそれぞれの値を割ってやります。このとき、小数点以下は四捨五入して整数値にします。量子化行列の数字をよくみると、右下にいくほど数字の値が大きくなっていますね。ですから、高周波成分では値が小さくなり、割られた後の結果は、右下にゼロが並ぶことになります。

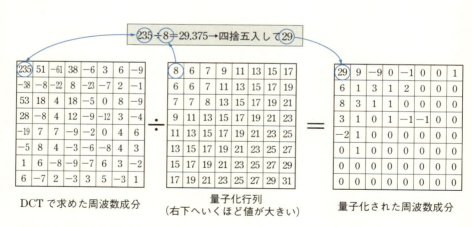

図7-10●DCT係数の量子化

JPEGでは、ユーザが画像の圧縮割合を選ぶことができます。たとえば、アドビ社のフォトショップというソフトでは、画像をJPEGで保存するとき、図7-11のように画像の品質（圧縮率）を選ぶことができます。あまり圧縮せずに高い品質にする場合、量子化行列の高周波成分の値はあまり大きくなりません。しかし、画質を落として高い圧縮率を得るようにすると、量子化行列の高周波成分の値が大きくなるわけです。

JPEGでは、ユーザが画像品質（圧縮率）を選ぶことができる

量子化行列の例（高画質）　　量子化行列の例（低画質）

図7-11●ユーザの画像品質指定により量子化行列が変化する（Adobe Photoshopの例）

7-5 エントロピー符号化のしくみ

　量子化行列で割って、高周波数成分を切り落としたものを、今度はDC成分とAC成分に分けて圧縮します。以下では、それぞれについて圧縮のしくみを見てみることにします。

(1) DC成分の圧縮

DC成分は、ブロック内の濃度値の平均を表していて、一般に周りのブロックのDC成分と近い値になります。これは、自然な画像では、明るさが滑らかに変化することが多いためです。

そこでまず、図7-12のようにそれぞれのブロックのDC成分の差分E_i（N画素の画像の場合、$i=1 \sim N/64$）を求めます。

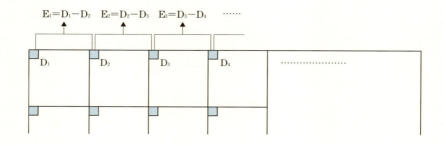

図7-12●DC成分の差分値を求める

DC成分は、8×8ブロックの画素の濃度値の平均に相当しますが、先ほど述べたように、自然な画像では、明るさが滑らかに変化するので、この差分E_iは、ほとんどの場合、0に近い値となり、それほど大きな値（つまり濃度値が急激に変化すること）にはならないと考えられます。

このため、E_iが0になる確率が最も高く、E_iの値が大きくなる確率は小さくなります。

ここで、話を分かりやすくするために単純化して、E_iの値が−3〜3の範囲しかとらないものとした例を表7-1に示します。

この例では、差分値が0となる確率が50％となっており、次に1および−1となる確率が17％……というように、絶対値が大きくなるほど現れる確率が低くなるものとします。

表7-1 ● よく出てくる値を短い符号で表現する

差分E_i	現れる確率	ハフマン符号
−3	2%	11110
−2	6%	1110
−1	17%	10
0	50%	0
1	17%	110
2	6%	1111
3	2%	11111

　ここで、このE_iを**ハフマン符号化**と呼ばれる方法で圧縮します。これは、よく出てくる数字を少ないビット数で、あまり出てこない数字を大きなビット数で表すことで、全体としてデータの数を減らす方法です。こうすれば、ほとんどの場合は、短い符号でE_iを表すことができるので、全体として、データの量が削減されるというわけです。このような符号化方法を**エントロピー符号化**といいます。**エントロピー**というのは、簡単にいえば「本来の情報量」ということです。

　画像情報に限らず、情報には一般に無駄（冗長）な部分が含まれています。その無駄な部分を取り除いた本来の情報量がエントロピーというわけです。エントロピー符号化を行うことで、情報の無駄な部分を取り除いて、その画像が持っている本来の情報量に近づけることができるのです。

　また、**符号化**という言葉も出てきましたが、これは、あるデータを一定の規則に従って、2進数などの符号（Code）に対応させることをいいます。符号化のことを**エンコード**（Encode）ということもあります。逆に、符号化された情報を元に戻すことを**復号化**（あるいは**デコード**（Decode））といいます。

(2) AC成分の圧縮

　さて、AC成分の方は、まず図7-13のようにジグザグにスキャンして一列に並べます。図の場合、

　　$9, 6, 8, 1, -9, 0, 3, \cdots\cdots 0, 0, 1, 0, 1, 0, 0, 0, 1, 0, 0, -1, \cdots\cdots$

のように数字が並びます。これをよく見ると、後半にいくほど、0が出てくる

回数が増えていきます。そこで、これを**ランレングス**（RL: Run Length）符号化という方法で圧縮します。

29	9	−9	0	−1	0	0	1
6	1	3	1	2	0	0	0
8	3	1	1	0	0	0	0
3	1	0	1	−1	−1	0	0
−2	1	0	0	0	0	0	0
0	1	0	0	0	0	0	0
0	0	0	0	0	0	0	0
0	0	0	0	0	0	0	0

図7-13●AC成分はジグザグにスキャンして並べ直す

ランレングスは「連続して現れる記号の長さ」のことで、データ内で同じ値が並んでいるときは、その値と個数で符号化する方法です。上記の場合は、0が多く並びますので、「0が連続する個数（RL）」と「0でない係数」の値をセットにして記録します。

たとえば、

　2, 1, 0, 1, 0, 0, 1, 0, 1, 0, 0, 0, 1

という数字の並びがあったとすると、これを

　「2」「1」「0, 1」「0, 0, 1」「0, 1」「0, 0, 0, 1」

のように分けて、0の数をRLの後に書いて置き換えれば、

　「RL0, 2」「RL0, 1」「RL1, 1」「RL2, 1」「RL1, 1」「RL3, 1」

のように記録します（実際に記録するときはRLの記号は不要です）。

AC成分の最初の方は0が少ないため、あまり圧縮効果はありませんが、後半

は0が多く出てきますので、この方法でかなり圧縮ができます。なお、残りが0だけになったら、そのブロックの符号は終了という意味でEOB（End Of Block）という符号を付けて、終了にします。

さらに、上記の「RL0, 2」「RL0, 1」「RL1, 1」……などの組み合わせには、よく出てくるパターンと、そうでないパターンがあります。そこで、最終的には135ページで述べたハフマン符号により記録します。

つまり、よく出てくるパターンには短い符号を割り振り、あまり出てこないパターンには長い符号を割り振ることで、全体としてさらにデータ量の削減を行うわけです。

最後に、JPEG基本方式での符号化と復号化の流れを、図7-14に示します。JPEGで圧縮されたデータを元に戻すときには上で述べた方法を逆順で行うことになります。

図7-14●JPEG符号化の流れ

7-6 JPEG と画質の劣化

JPEGでは、133ページで述べたように、圧縮率をユーザが指定することができます。圧縮率を高めればファイルサイズは小さくなりますが、同時に画質も劣化します。

特に、JPEGでは、明暗の輪郭がシャープに表現されている（つまり126ページで述べたように高周波成分を含む）ような部分では、比較的画質の劣化が大きく生じます。

たとえば、図7-15の写真の木の幹の部分を拡大してみると、モヤモヤとした蚊が飛んでいるようなノイズが発生していることが分かります。

図7-15●モスキートノイズの例

　このようなノイズを、**モスキート・ノイズ**（Mosquito Noise）と言います。JPEGは、高周波成分をあまり含まない自然な画像の圧縮には向いていますが、高い周波数成分を含む線画やイラストの圧縮にはあまり向きません。
　上記からさらに圧縮率を上げると、今度は、図7-16のようにブロック状のノイズが発生します。

図7-16●ブロックノイズの例

131ページで述べたように、JPEGでは8×8画素のブロック単位で圧縮を行うので、圧縮率を上げるとブロックの境界にノイズが発生するのです。これを、**ブロック・ノイズ**（Block Noise）といい、比較的濃度値の変化が少ない部分で目立ちます。

　このため、フォトレタッチソフトなどで、JPEG画像を加工して再び保存すると、そのたびに圧縮の演算がされて、画質は劣化していきます。

　デジタルだからといって、画質が劣化しないというわけではないので、注意が必要です。

　画像形式の中には、後で述べるJPEGの可逆圧縮方式をはじめ、劣化のない保存形式もあるので、画像の加工中はそれを使い、最後の段階でJPEG形式で保存するのが良いといえます。

　JPEG圧縮の上記の欠点は、そもそも8×8ブロックごとにDCTを使って高い周波数成分を削減することに原因がありました。そこで、DCTの代わりに、**ウェーブレット変換**（Wavelet Transformation）と呼ばれる方法を使って画像を圧縮する方法も考えられています。

　フーリエ変換やDCTは、三角関数を基底とした直交変換であるのに対し、ウェーブレット変換では、基本波形を引き延ばしたり平行移動したりして作られるウェーブレット関数を基底とします。

　この基底を使ってブロックに分割せずに、画像全体を周波数帯域に分け、量子化・符号化して圧縮する方式です。

　このため、ブロックノイズやモスキートノイズが発生しません。JPEGを発展させた新しい画像圧縮の仕様である**JPEG2000**ではウェーブレット変換が採用されています。

7-7 JPEG 可逆圧縮

　ここまでで述べてきたJPEGの圧縮方式は、画像情報の一部を削除して圧縮するため、圧縮したものを元に戻そうとしても最初の画像と完全には同じにならないことから「非可逆符号化（または非可逆圧縮)」といいます。

これに対して、完全に元のデータに戻すことができる圧縮の方法を「可逆符号化（また可逆圧縮）」といいます。

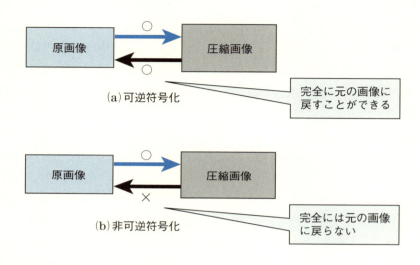

図7-17●可逆符号化と非可逆符号化

　非可逆符号化では、ある程度の画質の劣化は避けられません。しかし、病院でレントゲン写真などの画像診断を行う場合など、微妙な色合いの再現性が求められるような分野では、オリジナル画像をそのまま保存する必要性があります。このため、JPEG圧縮方式にも「可逆符号化」が用意されています。

　JPEGの可逆圧縮では、DCTは使わず、**予測符号化**という方法を使います。予測符号化というのは、自然な画像では隣接する画素同士が近い濃度値を持つことを利用して濃度値を予測し、その差によりデータを記述する方法です。

　たとえば、図7-18において、濃度値Xを記録するときに、Xの周りの画素の濃度値a、b、cを使って、Xの予測値xを求めるのです。xの値の求め方には、いろいろな方法がありますが、JPEGでは、図7-18中の(1)〜(7)の式のいずれかが使われています。

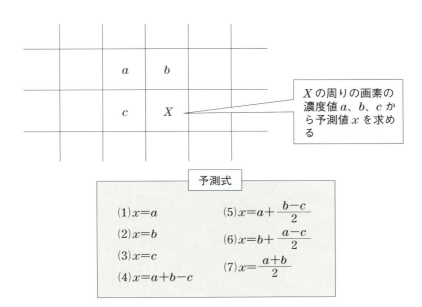

図7-18●予測符号化の方法

　もちろん、これらの計算により求められた予測値xとXの値が一致するとは限りません。そこで、予測誤差$e=X-x$を符号化するわけです。このとき求まった予測誤差eは、134ページで述べたJPEG非可逆圧縮のDC成分の圧縮の場合と同じで、eが0になる確率が最も高く、その値が大きくなるに従って現れる確率が小さくなります。

　そこで、これをよく出てくる数字を少ないビット数で、あまり出てこない数字を大きなビット数で表すハフマン符号により符号化すれば、画像データを圧縮することができます。ただしこの方法は、非可逆圧縮の場合に比べると、圧縮率はかなり落ちます。

Chapter 8

動画像と圧縮の
しくみ

Chapter 08 動画像と圧縮のしくみ

8-1 動画像のしくみと圧縮

　前章では、静止画の圧縮について述べましたが、動画の場合はさらに情報量が多くなります。人間の目は、連続して高速に画像が切り替わっていくと、それが動いていると感じます。

　図8-1に映画のフィルムの絵を示しますが、映画の場合1秒間に24枚の画像を連続的に表示することで、動画像として見せています。この1枚ずつの静止画のことを「フレーム」といいます。

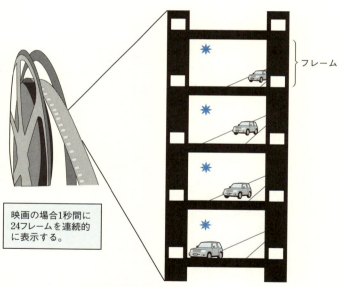

映画の場合1秒間に24フレームを連続的に表示する。

図8-1 ●フィルムによる映画の動画表示

　従来のアナログ放送の場合は、映画の場合とは少し違っていて、もともとブラウン管（CRT：Cathode Ray Tube）を使って画像を表示することを前提に規格がつくられていました。この規格は現在のデジタルテレビ放送の規格にも

影響を及ぼしていますので、まずはその概要を見てみることにしましょう。

ブラウン管は、図8-2のように、電子銃から発射された電子ビームが蛍光面に当たることでガラス表面が発光し、映像を再現します。

電子ビームは、偏向コイルで発生した磁場によって曲げられて、画面の左から右へ移動（**走査**）し、上から下へ順に画像を描いていきます。このとき、水平方向に分けられた細かい線を**走査線**と言います。

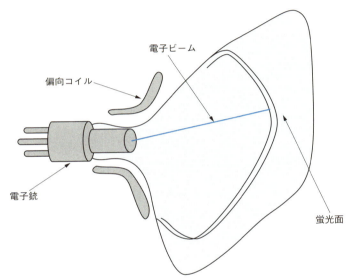

図8-2●ブラウン管のしくみ

インターレース

このようなしくみのブラウン管で動画像をうまく表示するために、テレビ放送が始まったときに**インターレース**という方式が採用されました。

従来のアナログ放送では、1つのフレームは525本の走査線でできていて、1秒間に30枚のフレームを表示します（これを30fps（frames per second）と表現します）。

インターレースは、これを表示するのに、図8-3のように最初の60分の1秒間は奇数番目の走査線（これを**奇数フィールド**といいます）だけを上から下へ

描いて、次の60分の1秒間に偶数番目の走査線（これを**偶数フィールド**といいます）だけを描く方法です。つまり、奇数フィールドと偶数フィールドから1枚のフレームができているのです。

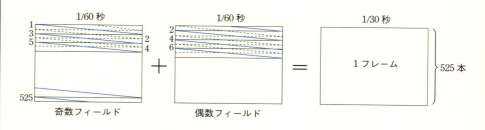

1フレームは525本の走査線で描かれているが、262.5本ずつ2回に分けて送信されたフィールド2つで1つのフレームが作られる

図8-3●インターレースのしくみ

なぜこのような方式になっているのかというと、静止画を送る場合は、奇数フィールドと偶数フィールドで同じ画像が送られるので、垂直解像度が525本の高い解像度が得られますし、被写体の動きが速い場合は偶数・奇数のそれぞれのフィールドで60分の1秒ごとに撮影された画像が切り替わって表示されるので、なめらかな動きが再現できるからです。

ただし、この方式は、走査線をとびとびに表示するので画面にチラツキが出やすいという欠点があります。

8-2 デジタル放送とMPEG

次に、デジタルテレビ放送の規格について説明します。

アナログテレビ放送がデジタル化されることで、画像の圧縮技術を使って電波を効率よく使い、チャンネル数を増やしたり、ハイビジョンなどの高画質のテレビ放送ができるようになりました。デジタル放送には、表8-1に示すような4種類のフォーマットがあります。

表8-1 ● デジタル放送のフォーマット

映像フォーマット	最大有効画素数（横×縦）	アスペクト比	走査線方式	呼称
480i（525i）	720×480	16:9, 4:3	インターレース	標準（SD）
480p（525p）	720×480	16:9	プログレッシブ	標準（SD）
720p（750p）	1280×720	16:9	プログレッシブ	ハイビジョン（HD）
1080i（1125i）	1920×1080	16:9	インターレース	ハイビジョン（HD）

標準放送（インターレース）

　表8-1のうち、「480i（525i）」は、走査線が525本でインターレース（145ページ参照）の、これまでのテレビと同じ品質の標準放送（**SDTV**：Standard Definition Television）に対応するものです。「525」が走査線の本数で、「i」が「インターレース」であることを示します。また、走査線が525本あるのに、最大有効画素数の縦が480画素しかないのは、走査線が画面の下端から上端に戻る処理などのために、一部の走査線が画面には現れないためです。

標準放送（プログレッシブ）

　次の「480p（525p）」は、走査線が「525」本で、「p」が**プログレッシブ**の意味です。プログレッシブというのは、インターレースのように、飛び越し走査を行わず、60分の1秒間で525本すべての走査線を順次走査する方式で、**ノンインターレース**とも呼ばれます。プログレッシブはインターレースに比べて画面のチラツキが少なく緻密で滑らかな映像が見られるというメリットがあります。

ハイビジョン

　これに対して、**ハイビジョン**（**HDTV**：High Definition Televisionともいいます）には、走査線が750本でプログレッシブの「720p（750p）」と、走査線の数が1125本あってインターレースの「1080i（1125i）」があります（日本では、主に1080iの方が使われています）。

　また、テレビ画面の横と縦の長さ比率のことを**アスペクト比**といいますが、

従来のテレビのアスペクト比が4：3だったのに対して、ハイビジョンは16：9となっています。つまり、これまでよりも横長のワイド画面になり、より臨場感のある画面で、しかもきれいな画像を楽しめるわけです。

なお、上記以外に1080p（1125p）という**1920×1080画素**で、プログレッシブの規格もありますが、今のところこれに対応した放送はされていません（Blu-rayプレイヤやビデオカメラ等ではサポートされています）。

動画のデータ量

ここで、動画像を送るのに必要なデータの量について考えてみましょう。

たとえば、1フレームが720×480画素で、1画素あたり24ビットのカラー画像を1秒間に30フレーム（これを30fpsと表します）で送る場合、全く圧縮しなければ、1秒間あたり、720×480×24×30=237Mb（メガビット）にもなってしまいます。

1秒間に送ることができるデータ量を、**ビットレート**といい、**bps**（Bits Per Second）と表します。つまり、この例の場合のビットレートは、237Mbpsということです。

地上デジタル放送のビットレートは、ハイビジョンでもせいぜい17Mbpsぐらい（ちなみに、BSデジタルハイビジョンは約24Mbpsで、地上デジタルよりも高画質です）といわれていますので、これでは動画像を送ることができません。そこで、動画像の圧縮技術が使われます。

動画圧縮

現在、最も使われている動画像の圧縮規格は**MPEG**です。MPEGの名前も、JPEGと同じように標準化の作業を行ったグループ名（Moving Picture coding Experts Group）の頭文字をとったものです。

MPEGの規格には、用途に応じてMPEG1、MPEG2、MPEG4などがあります。MPEG1は、アナログ放送時代にVHSビデオ程度の画質を1.5Mbps程度のビットレートでデジタル圧縮するためにつくられた規格です。

これに対して、MPEG2は、放送局やハイビジョン放送にまで対応できる品

質を16Mbps程度で実現するためにつくられました（地上デジタル放送でも使われています）。

一方、MPEG4は、もともと64Kbps程度の低いビットレートでも、それなりの画質が得られる規格として考えられたものですが、最近ではハイビジョン画質にも対応しています。以下では、まずMPEG1を例にあげて、動画像圧縮のしくみについて見てみることにしましょう。

なお、MPEGの規格には、動画だけでなく音声の符号化と、これらを同期させて再生するための多重化方式についても含まれていますが、ここでは主に動画の符号化方式について述べることにします。

8-3 MPEG1のしくみ

MPEG1の規格は1992年に決まりました。当時のデジタル処理技術は、それほど高くなかったため、テレビ放送の画質そのままを1.5Mbpsに圧縮することが困難でした。

そこで、図8-3にある1フレームの画像を構成する2つのフィールドのうち、偶数フィールドを省略して、奇数フィールドだけを記録することにしています。また、横方向の画素も1／2に間引いています。このため、最大有効画素数は360×240画素となっています。

さて、テレビの場合、1秒当たり30枚もの画像を高速で切り換えて表示することで動画像をつくっているわけですが、MPEG1では、これをどのようにして圧縮しているのでしょうか。

テレビなどの動画像をよく見ていれば分かりますが、画像の中には動いている部分と止まっている部分があって、止まっている部分はフレームの前と後とでほとんど変化がありません。

たとえば、図8-4のように、口だけを動かして話している人物を映した動画のフレーム間の差分（画素ごとの濃度値の引き算）を取ってみると、口の周りのわずかな情報だけとなります。そこで、この差分情報だけを記録すれば、画像データを大幅に削減することができます。これを、**フレーム間予測符号化**と

いいます。

　140ページでも予測符号化というのが出てきましたが、これは静止画像（あるいは1フレーム）内で、隣接する画素同士が近い濃度値を持つという性質を利用して、濃度値を予測して、その差により符号化する方法でした。

　一方、フレーム間予測符号化は、動画像のフレームの前後が似た画像であることを利用して、その差分により画像を符号化するわけです。

図8-4●フレーム間予測符号化の考え方

8-4 動き補償フレーム間予測符号化

　上記の方法は、止まっている部分が多い動画の場合は、大変効率的です。しかし、被写体が激しく移動するような画像では、図8-5(a)のように、差分画像の情報量も大きくなり、画像圧縮の効果があまり期待できません。このような場合には、**動き補償**という方法が有効です。

　これは、前後のフレームで被写体が動いた方向とその距離の情報（これを**動きベクトル**といいます）を調べて、この移動分を補償する方法です。

　具体的には、図8-5(b)のように、フレーム1の被写体を動きベクトル分だけ移動させてフレーム1'を作成し、これとフレーム2との差分を取って、記録するようにします。

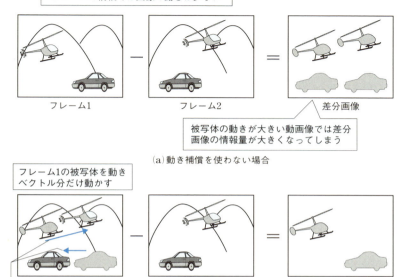

図8-5 ● 動き補償フレーム間予測符号化のしくみ

　この方法を使えば、図8-5(b)の右端の差分画像のように、主にフレーム1で被写体により隠れていた背景部分だけを記録すればよくなります。もちろん、被写体や背景にも微妙な変化があるため、その部分でも差分値を求める必要がありますが、それらは0に近い値になるため、高いデータ圧縮が可能になります。

　このように、フレーム2を直接記録するよりも、上記のようにして動きベクトルと差分画像を記録した方がデータ量を圧倒的に少なくすることができます。

動きベクトルの求め方

　問題は動きベクトルの求め方ですが、実際には被写体ごとに動きベクトルを求めるのではなく、フレームの重なりを持たないような16×16画素のブロック（これを**マクロブロック**といいます）に分割します。

そして、図8-6のようにそれぞれのブロックに対して、もう一方のフレームの画像の中から同じように16×16画素のブロックを適当に取り出して、これらの2つのブロック内の画素同士の誤差を計算します。

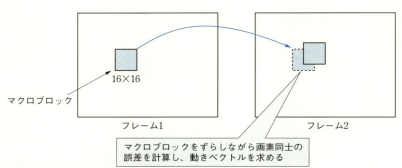

図8-6●マクロブロックと動きベクトルの求め方

　誤差の計算は、それぞれの画素の濃度値の差の絶対値を合計して求めます。そして、その位置を1画素ずつずらしながら、誤差の値が最小となるブロックを求めます。この方法を「ブロックマッチング法」といいます。

　1枚のフレームの中に、16×16画素のブロックはたくさんありますし、その1つ1つのブロックを1画素ずつずらして、誤差を計算するわけですから、膨大な計算量になります（MPEG符号化処理の50％程度が動き補償関連の計算であるといわれています）。

　このため、少しでも処理を軽減するため、フレーム上のすべての範囲を調べるのではなく、処理しようとしている現在のブロックの位置を中心にして、そこから上下左右に15画素程度以内の領域を調べます。普通は、フレームの前後で、物体はそれほど大きく動くことはありませんので、この方法で、かなり計算時間を短縮できます。

　こうして求められた差分画像は、JPEG圧縮の場合と同じように、DCTを使って、圧縮をかけます。131ページで、静止画像は、もともと高周波成分より低周波成分を多く含み、しかも人間の目は高周波成分に対する感度が低いため、DCTを行った後に高周波成分を削減できるという話をしました。動画像の場

合はどうでしょうか。

　動画像では、動いている物体の輪郭はもともとぼけ気味で、そのため高周波成分の値は、静止画の場合よりさらに小さくなります。

　また人間の目も、動いている物体の高周波成分に対する感度は、静止画の場合よりもさらに低いため、動画像の場合は、DCT係数をさらに大幅に削減できるのです。

8-5 MPEGのフレーム構成とGOP

　前節で説明したように、MPEGでは、動き補償フレーム間予測符号化によりフレーム前後の情報を使って圧縮します。

　MPEGのフレーム構成について、少し詳しく見てみると、図8-7のように「Iピクチャ」、「Pピクチャ」、「Bピクチャ」の3種類のフレームからなる**GOP**（Group Of Pictures）と呼ばれる単位からできています。

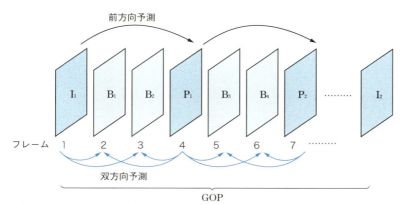

図8-7●MPEGのフレーム構成

　「Iピクチャ」は、前後のピクチャとは独立していて、7章で述べたJPEG圧縮と同じような方法でフレーム内だけで符号化します。

　これに対して、「Pピクチャ」は、過去のIピクチャから前方向に動き補償フレーム間予測により符号化されるフレームです。

また、「Bピクチャ」は、過去のIピクチャと未来のPピクチャから双方向に動き補償フレーム間予測を使って符号化されるフレームです。B ピクチャは双方向の予測で符号化されるため、P ピクチャと比べて、さらに高い圧縮率が得られます。

　MPEGデータの再生時には、IとP フレームが先に復号化され、その後 B ピクチャを復号化して、時間順に並べ直してから表示することになります。

　I、P、Bピクチャの数をいくつにするのかは、符号化を行う装置（エンコーダ）の設計者が自由に決めることができますが、Bピクチャの数が多すぎると復元された動画の表示が大幅に遅れてしまいます。このため、デジタル放送などでは、Bピクチャの数をあまり多くすることはできません。

　また、MPEGファイルのビデオ編集では、GOP単位でしかできないものがありますが、これは前節で述べた動き補償により複数のフレームが一つのグループになっていて、途中で切り離すことが難しいためです。このようなGOP単位の編集では、削除したいフレームが残ったり、本来残しておきたいフレームが消えてしまうといった問題が生じることがあります。そこで、GOPの途中であっても、その部分だけを復号化して編集し、その後再符号化することでフレーム単位での編集ができるようにしたビデオ編集ソフトもあります。

8-6 MPEG2のしくみ

　ここまでは、MPEG1のしくみについて見てきました。MPEG1は、Video CDなどで利用されていたものの、画質があまり高くないこともあり、現在ではMPEG2の方が一般に使われています。

　MPEG2は、デジタル放送やDVD、Blu-ray Disc、ハードディスクビデオレコーダ等で広く使われています。じつは、MPEG2で採用されている基本技術の大部分は、MPEG1と同じものです。

　MPEG1では、149ページで述べたように、偶数フィールドを省略して、奇数フィールドだけを記録するなどしてデータの削減を行っていましたが、MPEG2では、放送で使われる通常のインターレースをはじめ、様々な形式に

対応できるようになっています（表8-1のフォーマットもMPEG2で圧縮されます）。

MPEG2の規格が検討され始めた当初は、標準テレビ（SDTV）放送向けに使われることを想定していて、ハイビジョン（HDTV）向けにはMPEG3が策定される予定でした。しかし、その後MPEG2の技術でハイビジョンの圧縮も可能であることが分かったため、MPEG2に吸収されMPEG3は欠番となっています。

また、MPEG2では、動画像の状況に合わせてビットレートを最適に調整できる**可変ビットレート**（**VBR**:Variable Bit Rate）が使えます。

たとえば、画像の動きが少ない動画の場合は、150ページで述べたように差分情報が小さくなり、データ量が少なくて済みます。しかし、動きや変化が激しいシーンでは、同じ画質を維持するために、多くのデータが必要となります。

もし、動きの激しいシーンに合わせてビットレートを固定（これを**固定ビットレート**、**CBR**: Constant Bit Rate といいます）してしまうと、それ以外のシーンでは、データがムダに余ってしまいます（図8-8(a)）。

一方、動きの少ないシーン用にビットレートを固定すると、こんどは動きが激しい場面で画質が劣化してしまいます。そこで、シーンの複雑さに応じてビットレートを変えて符号化できる、可変ビットレートを使うことで、必要なデータ量を少なくしながら、複雑なシーンの画質も向上させることができるわけです（図8-8(b)）。

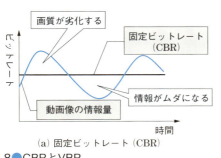
(a) 固定ビットレート（CBR）

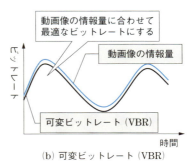
(b) 可変ビットレート（VBR）

図8-8●CBRとVBR

ただし、ハードディスクビデオレコーダのように、テレビ放送をリアルタイムに録画するような場合は、前もって映像の内容を予測することができないため、可変ビットレートを使っても、十分な効果が得られない場合があります。
　一方、すでにハードディスクなどに記録されている動画像を、DVDなどにダビングする場合は、前もって動画像全体を調べて、必要なデータ量を計算してビットレートの配分を決め、その配分に合わせて可変ビットレートで最適に符号化することができます。この方法は、2段階（2パス）の操作が必要になるので、2パスエンコードと呼ばれています（図8-9参照）。2パスエンコードは、エンコード（符号化）に時間はかかりますが、データ容量が同じであれば、高い画質が得られます。

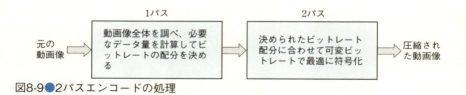

図8-9●2パスエンコードの処理

　なお、MPEGの規格では、動画を再生する復号化の方式だけが決められていて、符号化の方式については規格化されていません。つまり、MPEGの規格によって動画像が再生できることを保証できれば、どのような方法で符号化してもよいのです。このため、MPEGの符号化の方法について、メーカ各社が競って最適なアルゴリズムの開発を行っています。
　なお、地上デジタル放送で使われるMPEG2は、上で述べた動画像データに、音声データなどを多重化した**MPEG2-TS**（MPEG2 Transport Stream）と呼ばれるデータ形式で送信されます（これ以外にDVDなどで使われる**MPEG2-PS**（MPEG2 Program Stream）というデータ形式もあります）。
　地上デジタル放送を画質を落とさずにそのままの形式で保存したいときは、MPEG2-TSで録画すればよいことになります（これを**ストリーム録画**ともいいます）。

8-7 MPEG4 と H.264、H.265

MPEG4

　MPEG2は、放送やHDTVでの使用を想定しているのに対して、MPEG4は先に説明したように、携帯電話や電話回線などの通信速度が遅い（つまりビットレートが低い）場合でも動画を送れることを目標として規格化が開始されました。

　このため、画質を高めることよりも、圧縮率をいかに高めるかということに重点が置かれています。また、ネットワークでの動画配信に適した機能や、コンピュータグラフィックスで作られた図形の合成ができるなど、様々な拡張がされています。

　MPEG4は、もともと64Kbps程度の低いビットレートでも、それなりの画質が得られるように考えられましたが、高いビットレートでも使うこともでき、ハイビジョンの符号化も可能です。

　また、MPEG2よりも圧縮率が高いため、同じビットレートで比較した場合は、MPEG4の方が良い画質となります。ただし、MPEG2は、一般に高いビットレートまでサポートしているので、ビットレートに上限を設けなければMPEG2のほうが高画質での符号化が可能といえます。

　MPEG4の規格は大変範囲が広く、それぞれの技術ごとに「パート（Part）」と呼ばれる様々な規格が作成されています。このために、同じMPEG4の名前が付いていても互換性が無い場合があります。これは、多様なMPEG4の規格の違う部分を使っていると、互換性が無くなってしまうからです。パソコンで使われているWindows MediaやQuickTime、Dvixなどのビデオ規格でもMPEG4の技術が使われているバージョンがありますが、これらには互換性がありません。

H.264

　MPEG4のパートの中で、「MPEG-4 Part 10 Advanced Video Coding」という規格があります。これは、「H.264/MPEG-4 AVC」あるいは「H.264/AVC」という別名でも呼ばれており、高い圧縮率が得られるので広い分野で使われています（以下では、この規格を「H.264」と呼びます）。

　複数の呼び名があるのは、複数の団体が共同でまとめた規格なので、団体ごとにそれぞれ呼び名が違うためです。H.264は、Blu-ray、ワンセグ放送、衛星放送、YouTubeなどの動画共有サービスなどでも採用されています。また、ビデオカメラではH.264をベースにした**AVCHD**（Advanced Video Codec High Definition）という規格も普及しています。DVDやBlu-rayでハイビジョン画質を長時間録画できる**AVCREC**という規格も、H.264をベースにして地上デジタル放送等を録画できるように著作権保護機能に対応させたものです。

　H.264は、MPEG2の半分のビットレートで同じ画質を達成することを目標として策定されました。しかし、圧縮のために特に画期的な新技術が使われているわけではなく、既存の圧縮技術を少しずつ改良して組み合わせたものです。

　たとえば、MPEG2では、152ページで述べたように、動きベクトルを求めるマクロブロックを16×16画素としていますが、H.264では、図8-10に示すように、4×4～16×16画素の様々なサイズが使え、画像の動きを細かく表現できるようになっています。

　ただし、最適なサイズのマクロブロックの組み合わせを見つけるためには、大量の演算処理が必要となります。

　また、MPEG2では、ビットレートが低いと、139ページで述べたようなブロックノイズが現れますが、H.264では、フィルタを使うことで、ブロックノイズを減らして、画質を向上させる機能を持っています。

　さらに、MPEG2では、動き補償フレーム間予測を行うとき、前後の特定の1フレームしか参照できませんでしたが、H.264では図8-11のように、最大で5枚のフレームを参照して差分をとることができます。

　これ以外にも、図8-7で説明した、Iピクチャ（前後のフレームに関係なく圧

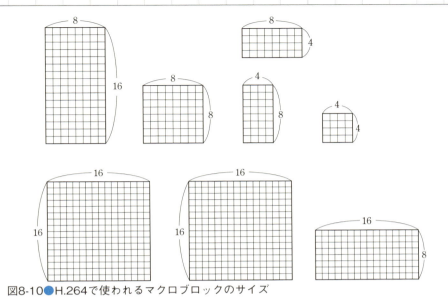

図8-10●H.264で使われるマクロブロックのサイズ

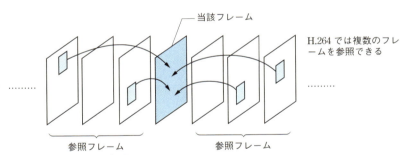

図8-11●H.264における参照フレーム

縮するフレーム)の圧縮に、きめ細かい予測符号化を用いて圧縮効率を高めていることや、従来8×8画素ごとに浮動小数点演算によりDCTを行っていたものを、4×4画素(8×8画素も選択可能)ごとに整数変換することで、計算の簡略化および計算誤差の削減を実現したこと、さらに、圧縮の最終段階で使われるエントロピー符号化を効率化したことなど、細かい点で様々な見直しが行われています。

H.265

　また、H.264の後継規格にH.265があります。これは、「MPEG-H HEVC (High Efficiency Video Coding)」とも呼ばれています。

　H.265では、H.264の約2倍のデータ圧縮性能を実現するために、様々な工夫がされています。たとえば、152ページの図8-6に示したマクロブロックに相当するブロックのサイズを動画像の性質に応じて最適化しています。具体的には、画像の中で時間的に複雑に変化する部分には小さいブロックを使いますが、変化の少ない部分には最大で64×64画素の大きなブロックを使うことで情報量を削減しています。これにより、データ量の大きな4Kや8K（18ページ参照）などの規格への対応を可能にしています。Blu-rayの後継規格で4Kに対応したUHD BD（Ultra HD Blu-ray）でもH.265が使われています。

　なお、新しい規格になるほどデータの圧縮率が高くなりますが、その分、動画像のエンコードやデコードの手法は複雑になり、多くの計算量が必要になります。しかし、これは符号化アルゴリズムの見直しやハードウェアの高速化により、実用上は問題ではなくなっています。

8-8 MPEG7 と MPEG21

　ここまでで、MPEG1、MPEG2、MPEG4を見てきましたが、現在それ以外にMPEG7とMPEG21の規格が策定されています。MPEG4までは、主に圧縮の方法について規格化されていましたが、MPEG7、MPEG21は、これらとは少し異なります。

MPEG7

　まず、MPEG7ですが、これは圧縮方法の規格ではなく、動画や音声などのマルチメディアコンテンツを検索しやすくするために、動画の内容を記述する方法を定めています。

　インターネットやパソコン内にある膨大な文書は、テキストファイルの検索

を使えば、簡単に見つけることができますが、これと同じように動画像も簡単に検索できるようにするための規格なのです。そのために、MPEG7では、動画像の特徴を記述する方法について規格化されています。

たとえば、顔の認識技術を使って映像に写っている人物の情報を抽出して記述しておけば、探したい人物が記録されている動画を簡単に検索できるようになるわけです。

この動画像の特徴の記述には、**メタデータ**というものが使われます。メタデータは、必ずしもテキストによる注釈である必要はありません。

たとえば、「青い車」が走っている動画を検索したいとき、「青」という言葉（テキスト）で記述されるのではなく、特定の色空間（2章参照）で定義されるメタデータとして記録できます。そして、検索する人は、コンピュータ上の色見本から探したい色を選択して、その色データとのマッチングを取りながら検索すればよいのです。

このように、MPEG7では、動画像にメタデータを付加するためのフォーマットが規格化されています。しかし、動画像の特徴データをどうやって抽出するのか、またその利用のしかたについては規定していません。人間が動画像を見ながら、その特徴を調べて、メタデータを付加することもできますが、これでは時間がかかって仕方がありません。

そこで、動画像から自動的に特徴を認識・抽出し、メタデータを付加できるプログラムの開発が望まれます。それには、10章で述べる画像認識技術などが必要になりますが、まだまだ発展途上にあるため、MPEG7が広く普及するのはもう少し先のことになりそうです。

MPEG21

MPEG7の次に策定されている規格が、MPEG21です。21という数字は、「21世紀に使われるフォーマット」という意味でつけられたと言われています。

MPEG21も、圧縮に関する規格ではなく、著作権に配慮しながら、様々な環境でビデオやオーディオが再生できるようにする方法を定義したマルチメディア規格です。

現在、ビデオやオーディオファイルには数多くの形式がありますが、著作権について、十分に配慮されて流通されているわけではありません。従来の放送メディアでは、比較的著作権の管理が簡単でしたが、インターネットを使った配信の場合は、著作権を1つ1つ明確にしないと簡単には配布できないというのが現状です。

　デジタルで記録された動画や音声などのマルチメディア情報は、コピーしても劣化しないために著作権の保護が重要です。かといって、あまりに著作権の管理が厳しすぎると、ユーザの利便性が損なわれてしまいます。

　そこで、MPEG21では、マルチメディアコンテンツに関する標準化仕様をユーザの立場に沿って再整理して、様々なマルチメディアフォーマット同士を関連付け、ユーザが個々のフォーマット等を気にせずに使える環境を実現することを目的としています。

　MPEG21は、今後のマルチメディアコンテンツの流通に際して、重要な役割を果たしていくものと考えられます。

Chapter 9

テレビ放送と画像処理

Chapter 09 テレビ放送と画像処理

9-1 アナログビデオ信号とY／C分離

　本章では、液晶や有機ELのなどテレビや、Blu-ray、ハードディスクレコーダなどで使われている動画像の画質改善技術について見てみることにします。

　最近のデジタル家電製品は、カタログなどを見ても把握しきれないほど、豊富な画像処理技術が搭載されています。ここではこれらの機能について、分かりやすくまとめて紹介します。

アナログ放送のしくみ

　ここではまず、以前使われていたアナログ放送のしくみを簡単に振り返ってみることにします。前章でも述べたように、アナログ放送は現在のデジタルテレビ放送の規格にも影響を及ぼしているので、アナログ放送について知っておくことも大切です。日本におけるアナログテレビ放送では、45ページ（2章）でも述べたNTSC方式が使われていました。この方式は、もともとモノクロ放送として始まり、それを途中からカラー放送に切り替えたため、旧型のモノクロテレビでもカラー放送を視聴できるように工夫されました。

　具体的にいうと、モノクロテレビでは、明るさを表現する輝度信号だけが送信されていましたが、カラー放送では、輝度信号に色信号を重ね合わせて送信するようにしたのです（図9-1参照）。

　こうすれば、旧来のモノクロテレビでは、輝度信号だけを取り出すことで、カラー放送をモノクロ放送として視聴できるわけです。45ページの式(2.2)、式(2.3)で、輝度信号はYで、色信号はI、Qの信号で表されるということを述べました。カラー放送では、輝度成分Yに色信号C（I、QをまとめてCと表現）を重ね合わせるのですが、これについてもう少し具体的に見てみることにしましょう。

　146ページでも述べたように、テレビ放送では、1フレームの映像を525本の走査線に分けて、左上から右下まで順にスキャンし、それぞれの走査線の中の

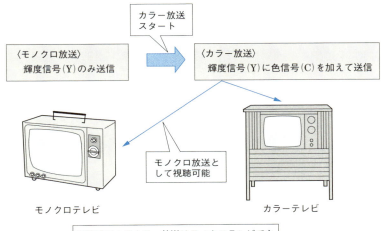

図9-1●モノクロ放送からカラー放送への切替

輝度と色の強弱を電圧の高低として電気信号に変換します。

　この映像の電気信号は、そのままでは周波数が低いため、映像を送信するのに適していません。そこでこの映像信号を周波数の高い搬送波と呼ばれる信号に乗せてから送信します。これを受信したテレビ側では、搬送波を取り除いて映像を再現します。

コンポジット信号とは

　図9-2は、1チャンネル分の映像と音声の信号の使われ方を、横軸に周波数を取って示したものです。

　映像や音声の信号を搬送波に乗せると、元の信号の性質により図のように周波数にある程度の幅が生じます。この周波数の範囲は「帯域」と呼ばれ、この幅が広いほど多くの情報を送ることができます。アナログ放送では、1チャンネルあたり6MHzの周波数帯域を使っています。

　この6MHzの帯域のうち、輝度信号の送信に使用される帯域幅は4.2MHz分です（一番左側の1.25MHzの部分は信号の送信のために必要なものですが、使用はされません）。

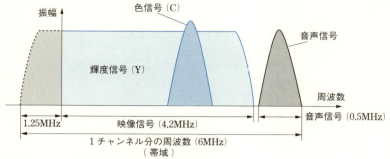

図9-2●NTSCにおける映像と音声の信号の使われ方

　一方、音声信号はデータ量が少ないため、右側の0.5MHzの帯域を使用します。従来のモノクロ放送では、このように周波数帯域を割り当てていたのですが、これがカラー化されるときに、輝度信号の一部に図のように色信号を重ね合わせて送ることにしたのです。このように、輝度信号Yと色信号Cが混合された信号のことを**コンポジット信号**といいます。コンポジットは「混合式の」という意味です。

　なお、色信号の帯域が、輝度信号に比べて狭いのは、129ページでも述べたように、人間の目には色信号に対してそれほど敏感ではないため、輝度信号に比べて色信号の情報を削減しているためです。

Y／C分離とは

　カラーテレビ受像器の側では、受信した信号から、当然輝度信号Yと色信号Cを分離する必要があり、これを**Y／C分離**といいます。しかし、図を見れば分かりますが、輝度信号の上に重ね合わせられた色信号を、完全に元通りに分離するのは容易ではありません。そこで、家電メーカ各社は、いろいろな工夫をしてうまくY／C分離を行う方法を開発してきました。

　まず、最も簡単なY／C分離の方法を考えてみましょう。これは、輝度信号Yと色信号Cが混ざり合う周波数部分を、すべて色信号Cであると考えて、取り出す方法です。そして、それ以外の映像帯域の信号を輝度信号とします。

　これなら、色信号の周波数成分の帯域だけを通過させるフィルタ（7章参照）

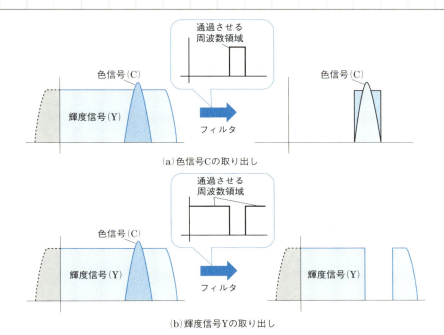

(a) 色信号Cの取り出し

(b) 輝度信号Yの取り出し

図9-3●1次元Y／C分離

を用意すれば、図9-3(a)のように簡単に分離することができます。7章では、フーリエ変換を使ったフィルタについて紹介しましたが、フーリエ変換を使わずにアナログ電子回路を使っても、同様の機能を実現することができますので、昔のテレビではこういった方法が使われていたこともあります。

　輝度信号Yを取り出すときは、図9-3(b)のように色信号の周波数成分の帯域以外を通過させるフィルタを使えばよいわけです。

　この方法は、走査線の方向に1次元的にY／C分離を行うため、**1次元Y／C分離**と呼ばれます。これはとても簡単な方法ですが、問題があります。なぜなら、輝度信号Yと色信号Cが混ざり合う周波数部分をすべて色信号として取り出すため、輝度信号の一部が色信号として使われてしまい、正しい色が再現できないからです。この問題を解決するために次節で述べる**2次元Y／C分離**が考えられました。

9-2 2次元Y／C分離と3次元Y／C分離

2次元Y／C分離

　2次元Y／C分離は、図9-4のように、走査線の上下で比較を行う方式です。それぞれの走査線には、輝度信号（Y）と色信号（C）が含まれていますが、このうち色信号（C）は、走査線1本ごとに位相が180°ずれるようになっています。つまりCの波形は、図9-4のように隣り合う走査線で上下に反転した波形となります。

　通常の映像では、上下の走査線は似たような波形となることが予想されます（これを「相関が高い」といいます）。そこで、仮に上下の走査線でYとCが全く同じであると仮定して、上下の走査線を足し合わせると、図のように、

$$(Y+C)+(Y-C)=2Y$$

となり、輝度信号だけが取り出されることになります。

　また、上の走査線から下の走査線の信号を引けば、

$$(Y+C)-(Y-C)=2C$$

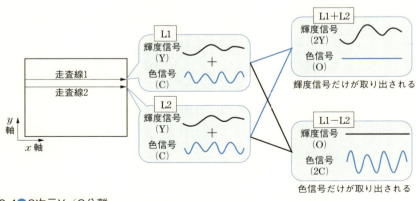

図9-4●2次元Y／C分離

となり、色信号だけが取り出されます。

この方法は、走査線の方向（x軸方向）だけでなく、上下の走査線（y軸方向）も考えてY／C分離を行うため、2次元Y／C分離と呼ばれます。走査線は2本だけではなく3本あるいは4本を使って、Y信号の変化分を平均化して輝度信号と色信号の分離をさらに改善する方法もあります。

このような処理をフィルタ特性として見ると、図9-5のように通過させる周波数が櫛の歯のような特性を持っていることから、**櫛形フィルタ**とも呼ばれます。

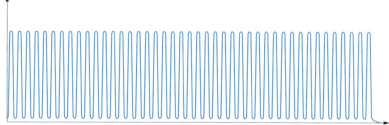

図9-5●櫛形フィルタの周波数特性

この処理も、アナログ電子回路で実現できますので、カラーテレビで従来より使われていました。2次元Y／C分離は、1次元Y／C分離よりもきれいに輝度信号と色信号を分離できます。しかし、この方法は上下に隣り合う走査線が似ている（相関が高い）ということを利用したもので、もしその前提が成り立たない場合には、Y／C分離がうまくいきません。

たとえば、画面上の斜めの線のように、走査線の上下で輝度信号が変化するような場合は、これらを色信号として間違って表示してしまい、本来は色が付いていない部分に虹色の模様が出てしまう現象（これを**クロスカラー**といいます）が生じます。

また、画面内に水平線が表示される場合のように、上下に隣り合う走査線の内容が極端に異なる場合も、色信号を輝度信号として間違って表示してしまうといった現象も起きます。この場合、水平線やそれに近い輪郭線に**ドット妨害**

と呼ばれる点状のノイズが生じたりします。

3次元Y／C分離

　そこで今度は、上下の走査線ではなく、フレームの前後の同じ位置にある走査線の比較によりY／C分離を行う方法が考えられました。

　動きの遅い画像の場合、隣り合うフレームはほぼ同一の画像ですから、上下のラインの相関よりもさらに高い相関が得られます。これを利用してY／C分離をしようというわけです。図9-6のようにx軸、y軸に加えて、時間軸tの3つの軸を利用するため、**3次元Y／C分離**と呼ばれます。

　2次元Y／C分離まではアナログ電子回路でも実現できましたが、三次元Y／C分離になると、処理が複雑になるため、デジタル回路を使う必要があります。

　具体的には、映像信号をA-D変換（16ページ参照）してフレームごとにメモリ（このメモリをフレームバッファといいます）に記録します。そして、複数のフレームを記録した後、フレーム間の走査線ごとに演算を行うことで、Y／C分離を行います。

　3次元Y／C分離は、2次元Y／C分離よりもさらに精度良くY／C分離ができ

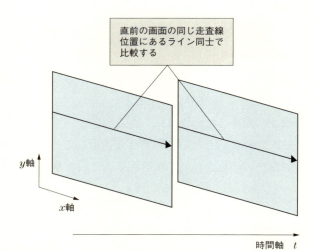

図9-6●3次元Y／C分離

るのですが、フレームの前後の画像が似ている（相関が高い）、つまり動きの少ない画像でないと上手くいきません。

そこで、動きの速いシーンや画面の切り換わりなど、前後のフレームで画像が急激に変化するような場合には、そのときだけ自動的に2次元Y／C分離に切り替えるといった方法が使われています。

9-3 デジタル放送の画像処理

デジタルテレビ放送では、MPEG2（ワンセグではH.264）を使って動画像を圧縮しています。

MPEGでは、127ページでも述べたように輝度信号（Y）と色信号（C）を別々に記録しているため、アナログ放送のようにY／C分離をする必要がありません。また、動画の圧縮技術等により電波を効率よく使えるため、チャンネル数を増やすことができ、画素数を増やしたハイビジョン放送も可能になりました。

しかし、デジタル放送であっても、テレビや録画装置の側で、画質改善の必要が全くなくなったかといえば、そんなことはありません。

たとえば、デジタル放送における画質改善技術として、以下のようなものが挙げられます。

(1) ブロックノイズやモスキートノイズの低減処理

デジタル放送の電波状況が悪かったり、DVDやBlu-ray Discの表面に汚れや傷が付いたりしていて、完全なデジタル情報を取得できなかった場合、画面の一部がモザイク状に見えるブロックノイズ（139ページ）が現れることがあります（MPEG2ではJPEGと同様に8×8画素のブロックごとに圧縮されるため、この問題が起きます）。

また、画像をデジタル圧縮するとき、被写体のエッジや色の変化の激しい部分でモヤモヤとしたモスキートノイズ（138ページ）が現れることもあります。

そこで、家電メーカ各社はこういったノイズを目立たなくするための様々なノイズ低減技術を採用しています。

(2) 画像の拡大処理

　大画面化がすすむ薄型テレビでは、4K（18ページ参照）に対応したタイプも普及しています。衛星放送やUHD BD（160ページ参照）などでは4Kに対応したコンテンツもありますが、地上デジタル放送では最高でもハイビジョン（HD）映像しかありません。4Kテレビで地上デジタル放送のハイビジョン映像（1920×1080画素）を映す場合、当然ながら何らかの方法で画素を増やして4Kの画素（3840×2160画素）に変換する必要があります。

　ここで、簡単な例として、画像の大きさを2倍に拡大することを考えてみましょう。この場合は、画素と画素の間隔を元の画像の2倍にすればよいので、図9-7(a)のように画素の位置を一つ飛びに並ぶように変換すればいいはずです。しかし、このようにすると変換後の画素の間にすき間が空いてしまいます。

　そこで、通常は拡大された画像のすべての画素を埋めるために、図9-7(b)のように拡大された画像の一つ一つの画素について、もとの画像のどこから取ってくればよいのかを調べ、そこから画素値を持ってくるようにします。

　ただし、画素を持ってくる元の画像の位置が、ちょうど画素と画素との間で、そこに何も無い場合があります。そのときには、その場所の周りにある画素の濃度値と距離に応じて、濃度値を補間して決めればいいのです。この計算に用いる周辺の画素数が多いほど補間の精度が高くなります。

　上記の手法では、少ない画素を引き伸ばすことになるため、映像のボケや色にじみなどが発生してしまいます。そこで、入力信号の解像度を高めて細かいディテールまでハッキリとした高精細な映像に作りかえて再現する**超解像技術**が開発されています。

　超解像技術では映像のボケを生じさせるフィルタ（48ページ参照）の形を計算により推定し、その逆の計算を行うことで元の鮮明な画像を再現します。また、動画像の複数のフレームの情報をうまく組み合わせて、1枚のフレームの中で欠けている画像情報の再現を行います。さらに、映像の内容を分析してその映像に応じた元の画像情報を計算により推定して復元するなどの手法が使われています。

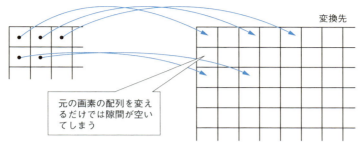

(a) 正しくない拡大処理

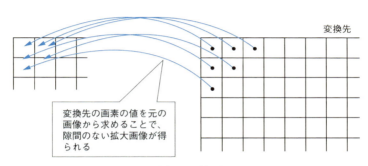

(b) 正しい拡大処理

図9-7●画像の拡大処理

(3) 画像の縮小処理

　上記とは逆に、ハイビジョン放送を解像度の低い小さなディスプレイで縮小して表示しなければならない場合もあります。その場合、125ページでも述べたように、画像中に高い周波数成分（たとえば映画の字幕など）が含まれていた場合、単純に画素を間引いて縮小するとエリアシングが生じて画像が正しく表示できなくなる可能性があります。

　そこで、ローパスフィルタをかけることで、縮小しても違和感のない画像になるように処理されています。

(4) コントラスト・色彩の補正

　上記以外にも、4章で述べた手法を使って陰影を強調することで、映像シーンに合わせて画像のコントラストを高めて見やすい画像にしたり、色彩を鮮やかにしたりする機能が開発されています。画面全体に対してコントラストを変化させるだけでなく、画像の中の一部分だけをコントラスト改善する方法もあります。

　また、輪郭がぼやけた映像があった場合、それを検出して輪郭をシャープにすることでクッキリとした画像にする機能も実現されています。

　このようにデジタル画像処理ならではのきめ細かい様々な画質改善技術が使われています。さらに、次節で述べる**IP変換**も重要なデジタル画像処理技術となっています。

9-4 IP 変換

　一般に、液晶や有機ELなどの薄型テレビでは、すべての画素を同時に発光させることができるため、常にプログレッシブ方式で表示できます。したがって、インターレース方式で放送された映像は、テレビ側でプログレッシブ方式に変換して表示する必要があります。

　このようにインターレース信号をプログレッシブ方式に変換するのが、IP変換（Interlace/Progressive変換）です。

　145ページで述べたように、テレビ放送は60分の1秒ごとに1回目の走査を偶数列、2回目の走査を奇数列と、交互に画面が描写されるインターレースが使われています。デジタルハイビジョン放送の規格には、720本の走査線を飛ばさずにすべて走査するプログレッシブの720pもありますが、日本では、1080本の走査線をインターレースで表示する1080iによる放送が一般的です。フルハイビジョンとよばれる1920×1080画素の薄型ディスプレイでは、通常、インターレースの1080iの映像をプログレッシブにIP変換して表示しています。

　以下では、IP変換のしくみについて見てみることにします。

最も簡単なIP変換の方法は、図9-8のように奇数フィールドと偶数フィールドを重ね合わせて、一つのフレームにする方法です。

　静止画像の場合は、これで問題はありません。しかし、動画像の場合、奇数フィールドに対して、偶数フィールドは60分の1秒後の画像ですので、単純に合成すると移動している被写体が図9-9(c)のようにぶれてしまいます。

　そこで、このような場合にはフィールドを合成せずに、図9-10のようにフィールドごとにフレームになるように補間します。

　たとえば、奇数フィールドの場合、1番目と3番目の走査線の情報から2番目の走査線を求めます。最も簡単なのは、上下の走査線の対応画素の濃度値を平均して、その間の画素値を求める方法ですが、この場合、斜めの線などが不自然になるなど、画質が低下することがあります。

　そこで、上下の画素だけでなく、左右の画素や時間方向（つまり前後のフィールドやフレームの画素）の濃度値の変化情報から、画素値を補間するなどの工夫がされています。

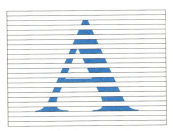
(a) 奇数フィールド

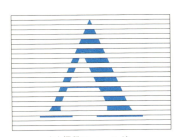
(b) 偶数フィールド

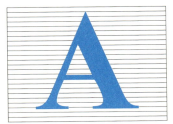
(c) 奇数フィールド＋偶数フィールド

図9-8 ● 静止画像の場合

図9-9●動画像の場合

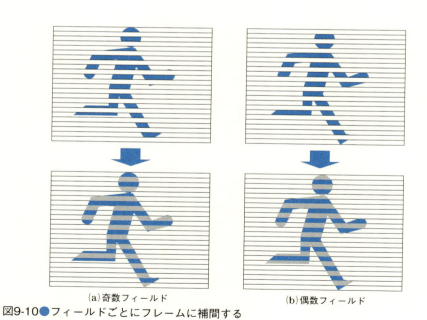

図9-10●フィールドごとにフレームに補間する

9-5 テレビシネマ変換

　144ページで、映画のフィルムは1秒間に24コマの静止画を使って映像を記録しているという話をしました。ところが、テレビ放送（インターレース）では、1秒間に30枚のフレームを使い、さらに1フレームは、偶数と奇数の2つのフィールドに分けられて記録・伝送されています。

　このため、映画フィルムの映像をテレビ放送用に変換する**テレビシネマ変換**という処理が必要になります。

　テレビシネマ変換では、図9-11のように、最初の①のコマを2枚（奇数フィールド、偶数フィールド）、次の②のコマを3枚（奇数フィールド、偶数フィールド、奇数フィールド）、次の③コマは2枚（偶数フィールド、奇数フィールド）と順次割り当て、これを繰り返すことにより、24コマを60枚の信号に変換しています。この処理は、フィルムのコマを2枚と3枚に順次変換するので、**2−3プルダウン方式**とも呼ばれます。

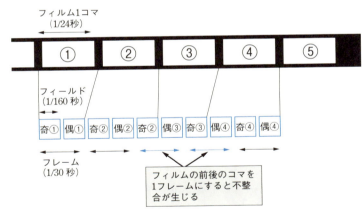

図9-11●テレビシネマ変換の原理

　上記の方法でテレビシネマ変換された映像をインターレースで表示する場合は、問題ないのですが、IP変換を行うと問題が生じます。

　たとえば、図9-11の変換後の3つめのフレームでは、奇②と偶③のフィール

ドが合成されて1つのフレームになりますが、これはもともとのフィルムのコマ②とコマ③を合成することになるので、動きが不自然になったり輪郭にギザギザが生じたりして画質が劣化します。そこで、フィルムのコマをまたいでフレームを合成しないように、うまく調整して自然な映像となるような技術が各メーカで採用されています。

　なお、最近では、映画用として1080／24p（1920×1080画素で24fps）の映像入出力に対応したAV機器も増えてきています。この場合はテレビシネマ変換を行わなくても、映画フィルムそのままの質感を活かした映像を楽しむことができます。

9-6 テレビのHDRとは

　テレビの画質を高める技術にHDR（High Dynamic Range）があります。77ページではデジタルカメラのHDRについて説明しました。これは、複数枚の写真を撮影し、明暗がきちんと撮影できている部分を使って肉眼で見た印象に近い写真になるよう1枚の写真に合成するものでした。つまり、ダイナミックレンジが広い自然界の明暗差をダイナミックレンジが狭い映像機器用に圧縮して記録するものです。これに対して、テレビのHDRは同じハイ・ダイナミックレンジの名称がついていますが、少し異なる技術です。

　テレビのHDRは、従来よりも広い明暗差をテレビ画面で表現できるようにした規格です。デジタルカメラのHDRと似ていますが、複数枚の画像から1枚の画像を合成するわけではありません。また、映像に実際に記録する輝度の幅に加え、テレビに表示する最大輝度も拡大する点が異なります。HDRに対応したテレビでは、映像の明暗の差や色彩をより豊かに表現できるようになり、実際の風景を目の当たりにしたときのようなリアルさが感じられるようになります。

　テレビ画面などの明るさの度合いを示す単位に「nit（ニト）」があります（輝きを意味するnitorというラテン語に由来します）。1nitは、1平方メートルの面積をムラなく1cd（カンデラ）の明るさで照らす輝度です。ここで1cdは、ほぼ

ロウソク1本分の明るさです。人間はだいたい0.001～2万nitの光を認識できますが、従来の映像（SDR：Standard Dynamic Rangeと呼びます）では0.1～100nit程度の明るさしか表現できませんでした。

これに対して、HDRでは0.005～1万nitまでの映像表現が可能です。これにより、暗い場所から明るい場所まで、人間の見た目に近い自然なコントラストの表現が可能になります。ただし、HDRに対応したテレビであっても、実際にはピーク輝度で1万nitの数分の1の明るさまでしか表現できないものが多い状況です。それでも従来の映像に比べて、はるかにきれいな映像を再現することができます。

なお、HDRには「HDR10」「Dolby Vision」「HLG」などの規格がありますが、160ページで述べたUltra HD Blu-ray（UHD BD）ではHDR10が標準で使われています。ただし、他の方式もオプションで使えるようになっています。

9-7 ビデオ端子とケーブル

Blu-rayやハードディスクレコーダなどのビデオプレイヤを、テレビやプロジェクタ等と接続するには、ビデオケーブルが必要となります。

アナログ式ビデオ端子

アナログテレビの時代には、表9-1に示すように、主にコンポジット端子、S端子、コンポーネント端子、D端子などが使われていました。しかし、アナログ信号の場合、著作権保護のための有効なコピー防止技術がないため、これらの端子はあまり使われないようになっています。

表9-1●主なアナログ式ビデオ端子の種類

種類	端子の形状	ケーブル	概要
コンポジット端子			別名、RCA端子。輝度信号（Y）と色差信号（C）が合成されたコンポジット信号を送信。端子の色は一般に黄色
S端子			S端子のSは、セパレート（分離する）の意味で、輝度信号と色信号を分離して送信できる。このため、コンポジット端子より高画質な映像を送信できる
コンポーネント端子			輝度信号（Y）と色信号（Cb、Cr）の3つの信号を3本のケーブルで別々に送信できる。2つの色信号を混合して送信するS端子より、さらに画質が良くなる
D端子			コンポーネント端子の3つの信号線を14ピンのワンタッチコネクタにまとめたもの。映像や音声信号だけでなく、信号のフォーマットなどの制御信号も送信できる

HDMI端子

　これに対して、デジタルのビデオ信号に対応した代表的な端子に、**HDMI**があります。HDMIは、High-Definition Multimedia Interface の略で、HD（ハイビジョン）のマルチメディア信号を送ることができるインターフェースという意味です。

　もともとは、パソコンとディスプレイの接続に使われる「DVI」と呼ばれるデジタルインターフェースの規格を発展させたものです。HDMIは1本のケーブルで音声や制御信号も一緒に送ることができます。このためBlu-rayプレイヤからHDMIで繋がったテレビの電源やチャンネルをリンクさせて操作するといったことも可能になります。

　また、HDMI端子には、HDCP（High-Bandwidth Digital Content Protection）と呼ばれるコピー防止のための機能があります。デジタルで暗号化された映像を転送する方式なので、アナログ映像のコピー防止技術より強力であるという特徴があります。

　なお、HDMIの規格には1.0から2.1までがあり、HDMI 2.1での最大データ転

送レートは48Gbps（1Gbpsは1秒間に1ギガビットのデータ量を転送できる）あり、HDR（178ページ参照）の8K動画（18ページ参照）にも対応しています。また、コネクタ形状には図9-12に示す標準タイプ（タイプA）以外に、ビデオカメラなどで使われるミニ端子（タイプC）や、携帯電話、デジタルカメラなどで使われるマイクロ端子（タイプD）などがあります。

HDMI端子

HDMIケーブル

図9-12●HDMI端子とケーブル

Chapter 10
AI（人工知能）と画像認識

Chapter 10 AI（人工知能）と画像認識

10-1 AIとは何か

　AI（人工知能、Artificial Intelligence）は、コンピュータで人間と同様の知能を人工的に実現させようという技術です。人間の脳のかなりの部分は、画像処理のために使われているといわれています。このため、AIと画像情報処理には密接な関係があるといえます。

　今のところ、人間のように考え、認識・理解し、自分の価値判断で実行できるようなAI（これを**強いAI**といいます）は実現していません。あらかじめプログラムされた範囲内で考える限定的な人工知能（これを**弱いAI**といいます）の方が開発が容易なため、実用化が進んでいます。弱いAIであっても、将棋や囲碁の対局ソフトがプロに勝つようになったのを見ても分かるように、ある特定の範囲ではすでに人間のレベルを超えたAIが実現できています。

　AIの初期の研究では、専門家の知識やノウハウなどを人間がルールとして記述し、そのルールに従ってコンピュータに処理させようという**ルールベース**（rule base）による手法がよく使われていました。たとえば医療などの特定分野に特化した専門家（エキスパート）の知識データベースを作成しておき、それをもとに専門家に近い判断を推論できる**エキスパートシステム**などが開発されました。しかし、人間の膨大な知識をどう定式化して表現するのか、最適な答えを得るために矛盾のないルールをどのように決めるのかなどの問題があり、この方法では汎用的なAIの実装は難しいと考えられています。

　これに対して、人間が持っている学習能力と同様の機能をコンピュータで実現しようとする**機械学習**（machine learning）という手法があります。人間はいろいろな経験をして、そこから学習したことを一般化することができます。これと同じように、機械学習ではコンピュータに多くのデータを入力して学習させた後、未知の例について正確に判断させることを目標とします。

　機械学習では、確率や統計などを使って問題を解決する手法が一般的ですが、最近では**ディープラーニング**（deep learning、**深層学習**ともいいます）が注目

を浴びています。ディープラーニングは、**ニューラルネットワーク**の一種です。その詳細については216ページで説明します。

　AIの手法に関する分類方法はいろいろありますが、上記で説明した手法をまとめると図10-1のようになります。

図10-1●AIの分類

10-2 コンピュータビジョンとロボットビジョン

　私たちは、目の前に置かれた物体の形状や種類、置かれている場所などを容易に把握できます。人間にとっては簡単なことですが、コンピュータにこれをやらせるのは簡単ではありません。このような人間の視覚（**ビジョン**）と同等の機能をコンピュータで実現しようとする分野を**コンピュータビジョン**といいます。

　コンピュータビジョンは、3次元空間における対象やシーンを認識・理解させようとする物体認識や、画像理解などのAIの分野とも関連があります。

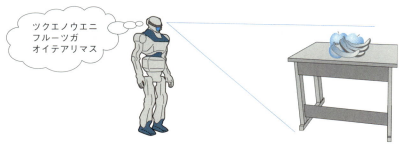

図10-2●ロボットに周囲の環境を認識させて動かすロボットビジョン

これに対して、ロボットに周囲の環境を認識させて動かすための視覚機能を**ロボットビジョン**といいます（図10-2）。こちらは、人間と同等とまではいかなくても、ロボットを動かすのに必要十分なビジョンシステムでよいので、コンピュータビジョンよりも実現が容易で実用的ともいえます。

　ロボットビジョンは、ロボット工学の一分野ともいえますが、実際にはコンピュータビジョン、人工知能、ロボットビジョンの研究領域は互いにオーバラップしています（図10-3）。コンピュータビジョンの成果は、どんどんロボットビジョンに取り入れられていますし、ロボットビジョンの研究がコンピュータビジョンに影響を及ぼすことも少なくありません。

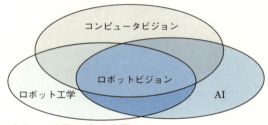

図10-3●ロボットビジョンを取り巻く分野

10-3 視覚情報処理は難しい

　画像情報は2次元の情報ですが、私たちはその情報から3次元の形状や奥行きを比較的簡単に認識することができます。では、なぜコンピュータでは、人間の視覚と同様な機能を実現するのが難しいのでしょうか。

　その原因のひとつに、人間の視覚機能のしくみがまだよく分かっていないということがあります。人間の眼球では、図10-4のように眼に入った画像が角膜と水晶体という2枚のレンズを通して、網膜に映し出されます。

　そして網膜の視細胞で光が電気信号に変換され、その信号が視神経を通って脳に伝えられます。脳では、伝えられた電気信号に基づき、色や形、遠近、動きといった感覚が生じ、最終的に視覚情報の意味を理解します。そもそもこの脳による視覚情報処理のしくみが解明できていないので、それと同等の機能を

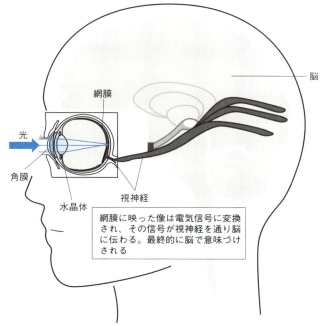

図10-4 ●人間の視覚機能のしくみ

コンピュータのプログラムにすることができないのです。

　ただ、人間の身体のしくみが分からなくても、部分的にその機能を実現することは可能です。たとえば、産業用ロボットの腕は人間の筋肉とは全く違った構造を持つ電気モータで動いています。

　これと同様に、コンピュータ独自の方法で、人間の視覚と同じ機能を実現できないものでしょうか。しかしながら、これも簡単ではありません。2次元の画像は、図10-5のように本来3次元の立体の世界が投影されて映し出されたものなので、奥行きの情報が失われています。ですから、足りない情報から3次元の世界を復元することがとても難しいのです。

　また、たとえば画像上の物体が黒く写っているとき、その物体がもともと黒いものなのか、それとも光が不足して黒く見えるだけなのかといった区別も、画像だけから判断するのは困難です（図10-6）。このため、3次元空間に何があるかを理解することが難しいというわけです。

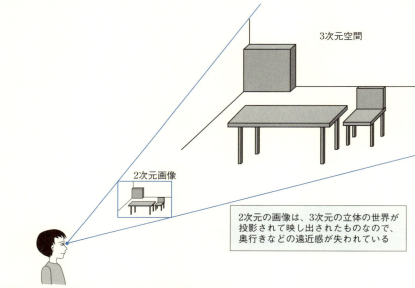

図10-5●2次元画像には奥行きの情報が無い

図10-6●足りない2次元情報から3次元の世界を復元することは難しい

　現在、多くの研究者がこの問題の解決に取り組んでいますが、人間のように高度な視覚処理機能を持つようなコンピュータプログラムはまだ実現できていません。

10-4 視覚情報処理の手順

このように難しいコンピュータビジョンですが、画像の中から必要なものを見つけたり、対象物の解析・判断を行ったりする画像認識を行うためのおおよその手順は分かっています。その流れを、図10-7に示します。

図10-7●画像認識の手順

まず、ビデオカメラやデジタルカメラから入力された画像に対して、ノイズの除去や、画像の強調処理、歪みの補正等を行う前処理を行います。また必要に応じて対象となる図形の拡大・縮小、回転や図形の切り出しなどを行います。これらの前処理を行うことで、後の処理がやりやすくなります。

次に、対象とする画像の解析・判断を行うための特徴抽出を行います。抽出する特徴としては、図形の形状に関する特徴量や、画像の色や明るさに関する特徴量などがあります。これらの特徴抽出のやりかたは、行おうとする画像認識の内容に応じて様々な方法が考えられています。そして最後に、求まった特徴量を使って、最終的な認識・判断を行います。

以下では、上記の手順に従ってロボットを動かす場合について考えてみることにしましょう。

10-5 ロボットによる組み立て作業

2値化処理

　ここでは、比較的実現が容易なロボットの画像処理システムとして、組み立て作業の例について見てみることにします。

　図10-8は、ベルトコンベアにより運ばれてくるシャーシに部品を組み付ける産業用の組立ロボットの例を示したものです。部品はパーツフィーダと呼ばれる装置で1つずつ分離されて供給され、ロボットはその中から必要な部品を選んで、シャーシに組み付けていきます。

　ここで必要となる画像処理は、次の2つです。

(1) 部品の種類を見分けること
(2) ロボットが把持した部品の位置の計測

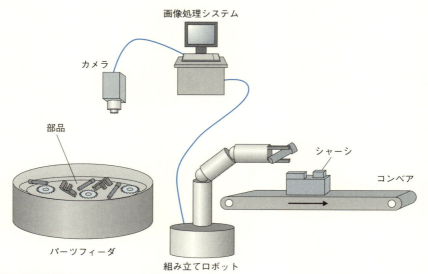

図10-8●産業用の組み立てロボット

(a) 原画像 　(b) 閾値20 　(c) 閾値40 　(c) 閾値130

図10-9●2値化の例

　以下では、その手順について見てみましょう。まず、図のように、カメラでパーツフィーダ上に置かれた部品を撮影します。このようなシステムでは、色の情報はそれほど重要でないことが多いので、通常モノクロ画像が使われます。

　次に、その画像を部品が白、背景が黒となるように変換します。たとえば撮影された映像の濃度値が、0～255までの値を持っていたとすると、ある適当な値（これを**閾値**といいます）を設定します。このとき、画素の濃度値が、その閾値よりも大きな（つまり明るい）値なら白に、小さな（つまり暗い）値なら黒に変換します。こうして変換した画像は、白か黒の2つの値しか持たないので、このような処理を**2値化**といいます。

　2値化するときの閾値をどのような値にするかというのは大変重要です。たとえば、図10-9に、写真（モノクロで濃度値の範囲は0～255）を閾値を変えて2値画像に変換した例を示します。

　図(b)の閾値が20のときは、暗い背景の部分も白くなってしまい、部品をうまく分離できないことが分かります。

　また、図(d)の閾値が130のときは、部品の一部が黒くなってしまいこれもよくありません。

　図(c)の閾値40のときに、部品がうまく背景から分離できていることが分かります。このように、閾値の選び方大切だということが分かります。

　ある画像を2値化するための最適な閾値を求めるのは結構難しく、いろいろな方法が提案されています。対象物と背景との2つの成分しかなく、それらのコントラストが比較的高い場合の画像では、図10-10のように濃度ヒストグラム（70ページ参照）が谷を持ちます。この谷の濃度値を閾値とすれば、きれいに2値化できます。

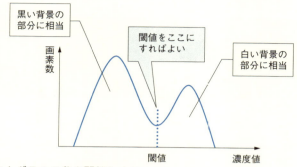

図10-10●ヒストグラムの谷を閾値とする

　ただ、このように明確な谷が出ればよいのですが、ノイズの多い画像や自然画像などでは、ヒストグラムに谷が生じないこともあります。

　そこで、ロボットによる生産ラインでは2値化しやすいように、上手に光を当てて、部品と背景の明るさのコントラストがよくなるような工夫がされています。このように画像認識の善し悪しは、認識の手法だけでなく「いかによい入力画像を得るか」が大切です。

　なお、生産ラインの条件によっては、光の当て方を調整しても上記の方法でよい閾値を求められないことがあります。このような場合には、次のような統計的な手法（**判別分析法**といいます）を使う場合があります。

　これは、画素を白にすべきグループWと黒にするグループBに分けたときに、2つのグループの間では濃度分布のばらつきが大きくなるように、また各グループ内では濃度分布のばらつきが小さくなるように閾値を求める方法です。

　このような閾値はすぐには求まらないので、閾値を少しずつ変化させながら濃度分布の統計量を計算して、条件を満たす閾値をコンピュータにより自動的に求めます。

　なお、以上の処理は、図10-7の画像認識の手順の前処理の部分に相当します。以下では、特徴抽出と画像認識の方法について見てみることにします。

ラベリングと特徴量

　上記のように2値化された画像は、コンピュータの中では単に白または黒の画素データが記録されているだけで、白い図形成分がどこにどういった形状で存在するのかといった情報は持っていません。

　そこで、今度は白い画素の集まりをコンピュータに図形成分として認識させる**ラベリング**という処理が必要になります。ラベリングでは、画面の左上から順に画素が白であるか黒であるかを調べていき、図10-11のように、つながった画素に同じラベル（A、B、Cなどの記号）をつけていく作業を行います。

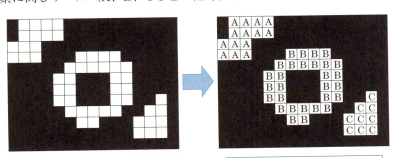

2値化されただけでは、図形成分がどこにどういった形状で存在しているのかといった情報は持っていない

ラベリングにより、白い画素の集まりをコンピュータに図形成分として認識させる

図10-11●ラベリング

　ラベリングができれば、図形ごとに面積や周囲の長さなどの特徴量を計算することで、部品の種類の判別が可能になります。

　たとえば、図形の面積は、同じラベル番号のついた画素の数を数えることで求まります。また、図形の周囲の長さを求めるには図形の**輪郭線**（境界線）を取り出す輪郭線追跡を使います。

　これは、図10-12に示すように、まず白い図形画素のいちばん上左の画素を輪郭線の開始点として、次にその画素を中心に図のように反時計回りに調べていき、黒い背景画素から初めて白い図形画素に変わったときに、それを次の境界点とします。さらに求まった境界点を中心に上記と同じ操作を繰り返し行っていき、一周回って元の画素に戻ったときに処理を終了します。

 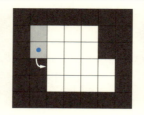 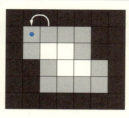

(a) 輪郭線の開始点　　(b) 反時計回りに順次調べていく　　(c) 一周して元に戻れば終了

図10-12●輪郭線の求め方

　図形の周囲の長さは、輪郭線の画素の数から求まりますが、図10-13のように、上下（あるいは左右）に隣り合う画素の距離を1としたとき、斜め方向に隣り合う画素の距離は$\sqrt{2}$になることに注意する必要があります。

　こんどは円形度という特徴量について見てみましょう。円形度は、図形がどれだけ円に近いかを表す特徴量です。

　図形の面積をS、周囲長をLとすると、円形度Fは、

$$F = \frac{4\pi S}{L^2}$$

となります。

　完全な円の場合は、円の面積は　$S = \pi r^2$　周囲長は$L = 2\pi r$ですので、

円形度　　$F = \dfrac{4\pi(\pi r^2)}{(2\pi r)^2} = 1$

になります。つまり、図形が円に近いときFは1に近づき、扁平になるほど小

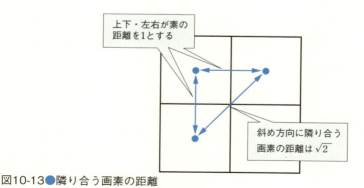

図10-13●隣り合う画素の距離

さな値となるわけです。このように図形の面積、周囲長、円形度などの幾何学的な特徴を数量化する処理を**特徴抽出**といいます。

部品の形状によって、面積、周囲長、円形度は特定の値を持ちますので、あらかじめ部品ごとにこれらの特徴量のデータを用意しておき、画像から得られた特徴量と比較することで、部品の種類をコンピュータに認識させることができます。具体的には、特徴量のデータを使って、特徴空間を使ったパターン認識により部品の種類を識別する方法などがあります。特徴空間を使ったパターン認識については208ページで詳しく述べます。

部品の種類が認識できたら、こんどは部品をロボットハンドで把持するために、部品が置かれている位置や傾きを調べる必要があります。ある図形の面積（画素数）をnとして、それぞれの画素の座標を(x_i, y_i)とすると図形Sの中心を表す重心の座標は、

$$\left(\frac{\sum_{i=0}^{n-1} x_i}{n}, \frac{\sum_{i=0}^{n-1} y_i}{n} \right)$$

で求めることができます。また、図10-14に示されるように、図形の幅が大きい方向に対する主軸方向θは、次式を解くことにより求まります。

$$tan^2\theta + \frac{\sum_{i=0}^{n-1} x_i^2 - \sum_{i=0}^{n-1} y_i^2}{\sum_{i=0}^{n-1} x_i y_i} tan\theta - 1 = 0 \tag{10.1}$$

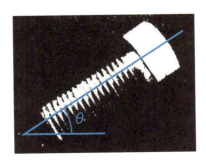

図10-14●主軸方向θ

図形の重心や主軸方向が分かれば、ロボットが把持しようとする部品の位置や向きが分かりますので、あらかじめ部品ごとに、どの位置を把持するかを決めておけば、把持すべき位置を見つけることができます。ベルトコンベア上のシャーシが常に決まった位置で停止するようにしておけば、ロボットは把持した部品をあらかじめ教えられた手順にしたがって組み付けることができるわけです。

積み上がった部品の場合

　上記のように、部品がパーツフィーダなどで分離されて供給され、背景が複雑でないような場合は、比較的処理が容易です。しかし、部品が積み上げられた状態の中から、部品を一つずつロボットで把持していく作業（これを**ビンピッキング**といいます）の場合は簡単ではありません。

　このような場合は、部品の形状や作業状況に応じて、いろいろな画像処理の手法が開発されています。一例として、図10-15のように山積みになっている部品（クランクシャフト）を把持する場合について考えてみましょう。

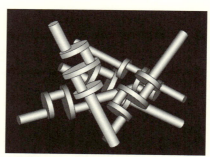

図10-15●積み上げられた部品

　この場合、上を向いている面は明るく、広い面積をもつ画像領域となります。そこでこの画像を2値化し、白い画像の輪郭部分を、周りから1画素ずつ削り取っていく処理（これを収縮処理といいます）をします。

　このようにすると、白い面積が小さい部品の領域は先に消え、最後に一番面積の大きい部品の画像だけが残ります。つまり、これが一番上にあるつかみや

すい部品ということになるわけです。

　別の方法として、以下の方法もあります。まず、部品に対して上方からライトを当てると、円筒状の部分に明るいハイライト（物体表面に生じる明るい部分）ができるので、この画像を2値化してハイライトのパターンを抽出します。

　そして、あらかじめコンピュータ内にクランクシャフトの形状に対応したハイライト部分の面積や配置のデータを記録しておき、それとの比較を行います。他の部品に隠れた部品は、登録されたハイライトパターンと異なりますので、最上部の部品パターンを認識して取り出すことができます。

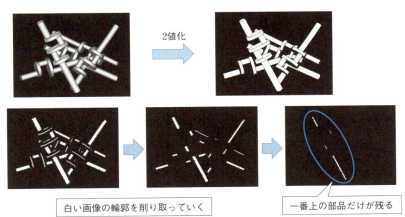

図10-16●2値化してから輪郭分を削り取っていく

10-6 Hough変換

　以上では、比較的条件が限定される工場の組み立てラインでのロボットビジョンを見てきました。ここでは、もうすこし一般的な条件（たとえば普通の部屋など）でロボットを動かす場合について考えてみましょう。

　図10-17(a)のように、画像の中にいくつかの対象物があるとき、これらを画像処理で認識させるにはどうしたらよいでしょうか。

　立体の輪郭線は、物体の特徴を表しているため、輪郭部分を取り出すのもよい方法です。これは、たとえば3章で述べたエッジ抽出フィルタを用いれば、

図(b)のように求まります。さらに輪郭をハッキリさせるために、図(c)のように2値化処理を行います。

図10-17●輪郭線は常にキレイに得られるとは限らない

　しかし、2値化しても、直線として検出したい部分が、ノイズや物体の重なりなどの影響で完全な線画として得られない場合がほとんどです。つまり、本来は直線として検出したい輪郭の部分が、散在した点になってしまいます。これらの点から、直線成分を検出する有効な方法にHough変換(ハフ)があります。

　いま、図10-18(a)のように、輪郭線が散在した点で求められたとします（図10-17(c)の一部を取り出したものと考えてもいいです）。この中の、ある1点の座標が (x_i, y_i) だったとして、図10-18(b)のように、この点を通る直線について考えてみましょう。

　当然点 (x_i, y_i) を通る直線はたくさんありますが、この直線の方程式は図のように、原点から直線におろした垂線の長さρと垂線がx軸となす角θという2つの値を用いれば、次の式のように表されます。

$$y = -\frac{\cos\theta}{\sin\theta}x + \frac{\rho}{\sin\theta} \tag{10.2}$$

　さて、点 (x_i, y_i) が与えられたとき、θの変化に対するρの値の変化（点(x_1, y_1)を通るすべての直線における (ρ, θ) の集合）は、上式に (x_1, y_1) を代入して変形すれば、

$$\rho = x_1\cos\theta + y_1\sin\theta \tag{10.3}$$

のように得られます。この式をグラフで表せば、図10-18(c)のような曲線となります。

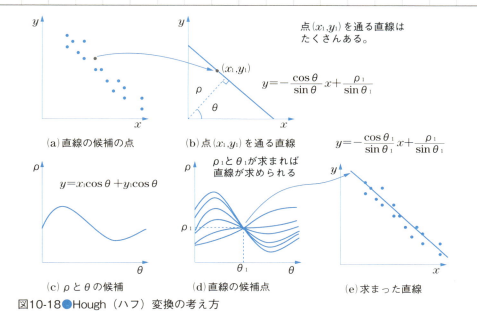

図10-18●Hough（ハフ）変換の考え方

　図(a)にある他の点についても、同じようにこの曲線を描けば、図(d)のようになります。この図を見ると、曲線が最も多く交わる点（ρ_1, θ_1）があることがわかります。そして、この点から求まる直線の式は、

$$y = -\frac{\cos\theta_1}{\sin\theta_1}x + \frac{\rho_1}{\sin\theta_1} \tag{10.4}$$

となります（図(e)）。この直線が、多くの点の集合に一番一致度が高い直線ということになります。この方法のよいところは、図の中に複数の直線の候補がある場合、図10-18(d)上で曲線が交わる点が複数現れるので、そこから簡単に複数の線を求めることができる点です。

　また、画像に多少のノイズが乗っていても、直線を検出できるというメリットもあります。ただし、短い線がたくさんありすぎるような場合は、うまく検出できないこともあります。

　なお、このHough変換を拡張して、曲線や多角形などの任意の図形を検出できるようにした一般化Hough変換という手法も考えられています。

10-7 積み木の世界

　このようにして画像が線画として取り出されたのち、それを3次元図形として解釈する手法があります。ここでは図10-19(a)のような積み木のような物体の輪郭線が得られたとき、それを解釈する方法について見てみましょう。

　この積み木をみると、同じ線であっても、輪郭線の場所によってそのでき方に違いがあることが分かります。たとえば、立体と背景との境界線や、二つの面のつなぎ目が凸の稜線となっている場合あるいは、凹の稜線となっている場合などがあります。

　これらの線のタイプを調べてみると、線が交差する部分の組合せには、いくつかの種類があることが分かります。たとえば、図10-19(a)の積み木に対して、一番外側の輪郭線を時計回りに矢印（→）で表し、矢の向きに対して右側に物体が存在するものとします。また、凸の部分の稜線を＋の印で表し、凹の部分の稜線を－印で表すものとします。

　このとき、積み木の頂点では必ず3個の面が交わり、これを一般的な位置から見ると、頂点付近の見え方は同図(b)に示すような12個の型に分類できます。

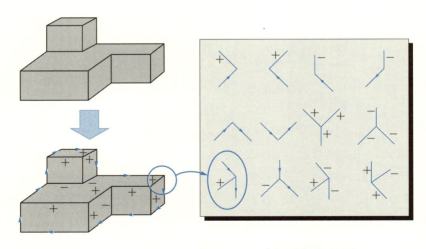

(a) 積み木　　　　　　　　　　(b) 頂点付近の見え方
図10-19● 積み木の世界の認識

そこで、線画の接続点がこれらのいずれかになるように、線にラベルを付けることにより、個々の積み木の位置関係をコンピュータで理解することができます。

このような画像理解の手法は、**積み木の世界**の問題と呼ばれ、初期のころのAIの分野でよく研究されていました。しかし、この方法では立体の各辺の情報が確実に得られる場合でないと、正しく形状を求めることができません。実際には、入力された画像から得られる線画は、たとえHough変換を使ったとしても、線の途中が切れていたり、存在しない線がノイズとして入っていたりします。このため、よっぽど理想的な条件でないと、立体の認識ができないという問題があります。

そこで、輪郭線だけではなく、立体の面から得られる情報も積極的に利用して、3次元の形状を求めようという方法も考えられています。たとえば、紙や石膏の表面のように、模様のない滑らかな表面（このような面を完全拡散反射面といいます）では、面に照射された光がほぼ全方向に等分に反射するので、図10-20のように、面の明るさは光の方向に対する面の傾きによって決まります。

たとえば、面に対して光が垂直に近い角度で当たっていると、面の明るさは明るくなり、低い角度で光が当たるほど暗くなります。つまり、面の傾きを面の明るさから求めることができるわけです。面の傾き情報が分かれば、輪郭線の情報が不十分でも立体の形状を認識するのが容易になります。このように、面の明るさの情報を利用して形状を求める方法を**Shape from shading法**といいます。直訳すれば「陰影から形状を求める」といった意味になります。ただ

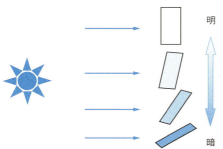

図10-20●面の傾きと明るさの関係

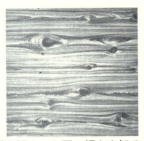

図10-21 ●模様の傾きから面の傾きを知る

し、この方法は、物体の形状が複雑だったり面が暗すぎたり、また同じ面でも、場所によって明るさが異なるような場合にはうまく使えないこともあります。

　また、別の方法に、面の模様の傾きを使う方法があります。たとえば立体の表面に図10-21のように木目模様がある場合は、面の傾き具合によって模様のゆがみ方も変わってきます。そこで、模様の変形具合を計算で求めることで、面の向きを求めることができます。このように、模様（テクスチャ）から形状を求める方法を **Shape from texture法** といいます。

　上記のように、面の明るさやテクスチャを使う方法以外にも、光が強く反射するハイライトのでき方や、シルエット、動きといった情報を使う方法も考えられます。

　このように様々な情報を使って3次元形状を求める方法をまとめて **Shape-from-X** といいます。ここでXは、テクスチャやハイライトなど、使われる情報を指します。

10-8 見え方に基づく3次元物体の認識

　3次元物体の認識については、上記以外にも様々な方法が考えられています。たとえば、図10-22のように、あらかじめ想定される立体モデルを、様々な方向から見たときの「見え方」のパターンを用意しておきます。そしてこれを拡大・縮小、移動、回転させながら、画像をスキャンして様々な部分と比較し、最も相関が高く、マッチしたものを対象物とする方法があります。

　このとき対象物とのマッチングには、207ページで述べるテンプレートマッチングの方法が使われます。物体が移動しているビデオ映像の場合は、この処理を連続的に繰り返すことで、3次元運動の追跡も可能になります。

　ただし、この方法ですべての「見え方」のパターンをそのまま記憶すると、データ量が膨大になりすぎてしまい、マッチングの作業が大変です。

　じつは、ここで使われる「見え方」のパターンは必ずしも、その方向から見た画像そのものを使う必要はなく、その画像から抽出された特徴量（たとえば、11章で述べるステレオビジョンにより求められた物体の面、境界線、頂点の

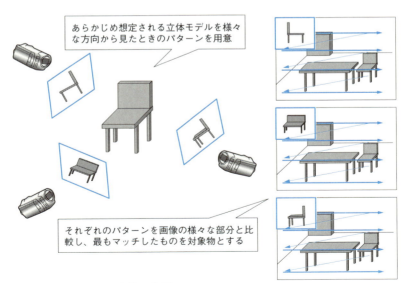

図10-22●見え方に基づく立体の認識

距離データなど）を使ってもかまいません。

　そこで、「見え方」のパターンを、その特徴を捉えた別のデータに変換しておいて、208ページで述べる特徴空間を使ったパターン認識の手法などを使うことで、効率的な3次元認識を行うことができます。

　なお、上記の方法では、あらかじめ対象物の形状や種類を決めておき、それぞれのモデルをいちいち用意しておく必要があります。また、モデルが用意されていない未知の物体があった場合には認識ができません。

　そこで、画像データや距離画像などの様々なデータを用意しておいて、コンピュータにそこから自動的に特徴量を抽出させ、モデルとなるパターンを自動的に作成させる方法も研究されています。この方法なら、人間がいちいちモデルのパターンを用意しなくても対象物の認識ができるのでたいへん有用です。

　初期のころに研究されていた3次元物体の認識手法では、先に述べた積み木の世界のように、ノイズを含まない完全な輪郭線が得られる場合に限るなど、かなり理想的な条件でないと使えない方法が主流でした。この方法は、理想的な条件下であれば高度な認識ができる反面、一般的な条件での画像ではほとんど使い物にならないという問題がありました。

　一方、上記で述べた「見え方」の特徴量を使ったパターン認識の手法は、多少画像にノイズが入っていたり条件が整っていなくても、何とか認識できるという特長があります。

10-9 文字の認識

　手で書いた文字や、印刷された文字をコンピュータに読み取らせる**文字認識**は、**OCR**（Optical Character Recognition：光学文字認識）とも呼ばれ、画像処理の代表的な分野となっています。文字認識ができれば、新聞や雑誌の記事の内容などをコンピュータに入力する手間が省けたり、手書きの文字を読みとらせて電子メールを書いたりといったことができます。

　文字認識には、印刷された文字を認識する場合と、手書きの文字を認識する場合の2つがあります。印刷文字の認識では、書体や文字大きさが決まってい

て文字に汚れが無ければ、ほぼ100％の認識が可能です。

　しかし、実際には、文字のフォントによって同じ文字であっても様々な字形がありますし、文字が不鮮明だったり汚れていたりする場合もあり、印刷文字であっても誤認識をする場合が少なくありません。

　手書きの文字となると、書く人によって字体や癖が異なりますので、さらに認識が難しくなります。ところが、封筒やハガキに書かれた手書きの郵便番号を自動で読みとる装置は、古くから実用化されています。これは、区別すべき文字の種類が0から9までの10種類しかないので、比較的認識が簡単だからです。ひらがな、カタカナ、アルファベット、さらに漢字が混在するような文書の場合は、たとえ印刷文字であっても100％の認識は簡単ではありません。

　以下では、文字認識で使われる画像処理手法について見ていくことにします。なお、ここで述べる手法の多くは、単に文字認識だけでなく、様々な画像認識に応用できる重要なものとなっています。

文字認識の手順

　画像データの中から文字を認識してテキストデータに変換する技術は機械学習の重要な応用分野で、パターン認識とも呼ばれます。パターン認識は、あらかじめ文字などのパターンを学習しておいて、入力されたパターンが学習したパターンのどのパターンに対応するのかを見つけ出すことです。文字認識だけでなく、画像の中から必要なものを見つけたり、対象とする画像が何を意味するか、あるいは何を含んでいるかについて解析・判断を行うもので画像認識や音声認識などの分野でも応用されています。

　文字認識の手順は、画像認識（パターン認識）の手順（189ページ、図10-7）と基本的に同じです。これを文字認識に対応させて、描き直したものを図10-23に示します。

　まずは、スキャナなどで文字を画像（ビットマップ画像）として読み込み、これに対して、ノイズの除去、画像の強調処理、歪みの補正等の前処理を行います。文字の場合、紙のしわやゴミ、インクのにじみなどのノイズがあるため、これらを3章で述べた平滑化フィルタなどで取り除き、その後2値化（191ペー

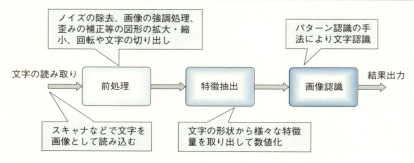

図10-23● 文字認識の手順

ジ参照)します。また必要に応じて対象となる文書画像の拡大・縮小、回転や切り出しなどを行います。

次に、認識したい文字を1文字ずつ切り出します。文字の切り出しでは、横書き文字の場合、図10-24のように横方向に黒い画素の数をかぞえたグラフ(ヒストグラム)をつくります。このようにすれば、行のあるところに山ができるので、行の位置を見つけることができます。同じようにして、縦方向の黒画素の数をかぞえてやり、1文字ずつの切り出しを行うことができます。なお、文書画像が傾いている場合は、事前に傾きを修正します。

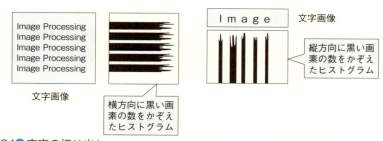

図10-24● 文字の切り出し

文字の切り出しができたら、文字の形状から様々な特徴量を取り出す特徴抽出を行います。そしてその結果に基づいて、それぞれの文字の認識を行います。

文字認識には、様々な手法が提案されていますが、以下では、その中から代

表的なものをいくつか見てみることにしましょう。

テンプレートマッチング

主に、印刷文字の認識によく使われる比較的簡単な文字認識の方法に**テンプレートマッチング**とよばれる方法があります。これは、あらかじめテンプレートとよばれる文字のパターンを画素単位で表現したものを用意しておいて、これを図10-25(a)のように、移動しながら画像と重ね合わせて、一致するかどうかを調べていく方法です。

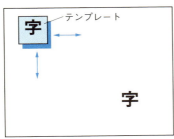

(a) 文字の認識

文字のパターンを画素単位で表現したテンプレートを移動しながら画像と重ね合わせて、一致するかどうかを調べる

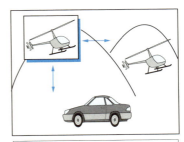

(b) 画像の認識にも使える

テンプレートマッチングを使えば画像の中から特定の部分を探し出すこともできる

図10-25● テンプレートマッチング

テンプレートマッチングで、2つの画像の一致度を調べるためには、いくつかの方法があります。代表的な方法として、次のような**相互相関係数**Cを使うものがあります。

$$C = \frac{\sum_{j=1}^{M}\sum_{i=1}^{N}\phi(i,j)\,\varphi(i,j)}{\sqrt{\sum_{j=1}^{M}\sum_{i=1}^{N}\phi(i,j)^2 \sum_{j=1}^{M}\sum_{i=1}^{N}\varphi(i,j)^2}} \tag{10.5}$$

ただし、

$$\phi(i,j) = I(i,j) - \left(\sum_{j=1}^{M}\sum_{i=1}^{N} I(i,j)\right) \Big/ NM, \ \varphi(i,j) = T(i,j) - \left(\sum_{j=1}^{M}\sum_{i=1}^{N} T(i,j)\right) \Big/ NM$$

また、対象画像は$I(m,n)$（画像サイズを$M×N$）、テンプレートは$T(m,n)$となります。上記の相互相関係数Cの値が大きいほど、画像間の相関が大きく、一致度も高いので、テンプレートをずらしながら、最もCの値が大きくなるものを求めます。この方法は、厳密に画像の一致度を計算できるのですが、計算に時間がかかるという欠点があります。

そこで、2値化された文字の認識の場合は、単純に対象画像とテンプレートの濃度値を引き算して、次のような差Rを求める場合もあります。

$$R = \sum_{j=1}^{M}\sum_{i=1}^{N} |I(i,j) - T(i,j)| \tag{10.6}$$

Rが小さいほど、対象画像がテンプレートに近いということになります。テンプレートマッチングは、文字だけでなくカメラで撮影された自然画像に対しても使うことができます。

たとえば、図10-25(b)のように、ある画像からヘリコプターの位置を検出するような場合にも使えます。これを動画像に適用すれば、運動物体の追跡も可能になります。

特徴空間を使ったパターン認識

テンプレートマッチングによる方法は、直感的に分かりやすく文字のパターンが増えた場合にも比較的簡単に対応可能ですが、文字に変形やずれがあった場合に認識率が悪くなるため、手書き文字認識にはあまり向いていません。

手書き文字の認識の場合には、次に述べる特徴空間を使ったパターン認識がよく使われます。これは、文字の輪郭や形、文字に含まれている線の位置や方向などの特徴量を取り出して、標準文字パターンの特徴量と比較して認識を行う方法です。

文字の特徴量の取り出し方には様々な方法が考えられますが、以下では文字の幾何学的な特徴量を取り出す方法を例にして説明します。ここでは考え方を理解してもらうために、単純な例として、「美」と「剛」の2つの漢字を**識別**（**分類**ともいいます）する場合について考えてみます。また、ここでは手書きではなく、様々なフォントをもつ活字を対象とします。

　文字は、様々な幾何学的な特徴量を持っていますが、ここでは水平線分の合計の長さL_hと、垂直線分の合計の長さL_vの2つの特徴量を取り出すことにしてみましょう（ここでは斜めの線は無視することにします）。

　手書きされた様々な「美」と「剛」の2つの漢字について、横軸をL_h、縦軸をL_vにとってグラフにすると、図10-26のようになります（これを**特徴空間**といいます）。●が「美」、×が「剛」についてグラフで表したものです（●や×の分布点のことを特徴ベクトルともいいます）。このように、様々な入力パターンの特徴量を計測して取り出すことを**特徴抽出**といいます。

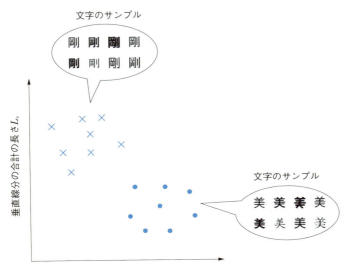

図10-26●文字サンプルの特徴をグラフにする

同じ文字でもフォントによってバラツキがありますが、「美」と「剛」で2つのグループの塊（これを**クラスタ**といいます）ができていることが分かります。そこで、「美」のグループと「剛」のグループを、図10-27のように境界線で分けることができます。この境界線を**識別境界**といいます。

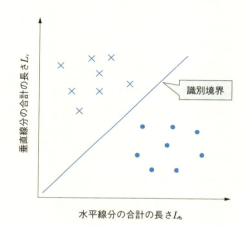

図10-27●識別境界

　この例では、1本の直線で簡単に境界線を引くことができましたが、2つのデータが混じり合っているような場合は、識別境界を引くのが難しいため、特徴量の選び方を考え直す必要があります。

　ここで、あらかじめ用意された文字パターン以外の新しい未知の文字の特徴量を、図10-28の◎印で示します。これは識別境界の「剛」の側にあるので、この未知パターンは「剛」であるとコンピュータで判断できます。

　この例では、「美」と「剛」の2つの文字の分類だけをしましたが、実際には世の中で使われている多くの種類の漢字を分類する必要があります。この場合、水平線分や垂直線分の合計の長さだけでは、たとえば「剛」と「綱」という似た漢字の区別は困難です。そこで、これらの漢字を区別できるような特徴量をさらに追加していきます。

　特徴量の数が3つあれば、特徴空間は図10-29のように3次元になり、特徴量が4つなら4次元のグラフになります。4次元以上となると直感的に想像が難し

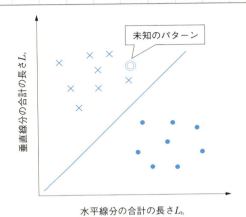

図10-28 ●未知パターンの識別

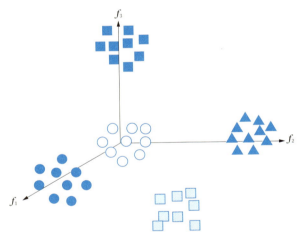

図10-29 ●3次元の特徴空間

いですが、コンピュータで処理させる分には10次元でも100次元でも、2次元の考え方を単純に拡張すればよいので問題はありません。

ただし、あまり次元数を多くすると、あらかじめ用意すべきサンプルパターンもそれに応じて多くする必要があり、コンピュータの記憶容量が足りなくなったり、計算に時間がかかりすぎたり、認識精度がかえって落ちたりします（こ

れをパターン認識の分野では**次元の呪い**といいます)。

　そこで、パターン認識ではうまく特徴量を選んで次元を減らしたり、次元がどうしても多くなってしまった場合は、数学的な手法を使って次元を圧縮して減らすなどの方法がとられています。

　いずれにせよ、よい認識のためには、認識対象の特徴をよく調べて適切な特徴量を選んでやる必要があるといえます。なお、ここで述べた特徴空間を使ったパターン認識の手法は機械学習の中でも最も重要な手法の一つであり、文字認識だけでなく人物や風景などの様々な画像認識や、音声認識などの分野で使われています。

　特に、先に述べた特徴量の識別（つまり図10-27における識別境界を決めること）をどのように行うのかが、とても重要です。この識別の代表的な方法には、確率の分野でよく使われるベイズの定理を使った**ナイーブベイズ法**（Naive Bayes classifier）や、識別境界とそれぞれの特徴量とのマージンを最大化する**サポートベクターマシン**（**SVM**：Support Vector Machine）などがあります。また、216ページで述べるニューラルネットワークやディープラーニングも有効な識別の手法です。

クラスタリングと教師なし学習

　図10-29のような特徴空間上のクラスタ分布を求める際に、あらかじめクラスタの個数やそれらがどのカテゴリに属するのかが分かっていれば、人間がそれをコンピュータのプログラムに教えることにより、機械学習をさせることができます。これを**教師あり学習**といいます。このときに学習に使用するデータは、**訓練データ**（あるいは**学習データ**）と呼ばれます。

　しかし、認識対象の数がわからない場合や、どのようなクラスタが存在するかが不明な場合には、この方法は利用できません。このような場合には、クラスタを自動的に見つける**クラスタリング**と呼ばれる手法が使われます。

　クラスタリングでは、コンピュータがデータの類似性に基づいて自動的にクラスタを見つけ出します。この場合は訓練データが必要ないので、**教師なし学習**と呼ばれます。クラスタリングの手法はいろいろありますが、代表的なもの

に、あらかじめサンプルを適当なK個のクラスタに分割しておき、それをより適切な分割になるように修正していく**K-means法**などがあります。

> 様々な特徴量

文字の認識では、特徴量をうまく選んで抽出する必要があります。以下では、文字の特徴量を抽出して計測する具体的な手法について述べます。ただし、非常に多くの手法があるため、ここではその代表的なものを紹介します。

◆（1）細線化

幾何学的な特徴を取り出すためには、まず文字画像を2値化した後、**細線化**と呼ばれる処理を行います。細線化は、文字や図形の構造が保存されるように、線幅が1画素となるように変換する処理です。

細線化の処理では、図形（文字）画像の輪郭部分の画素から、図形の本質的構造が変化しないかどうかを調べながら消去可能な画素をすべて消去していきます。このとき、中心線がもとの図形の中心となり、切断したりせず、不必要なヒゲなどが生じないことなどに注意します。図10-30に細線化を行った例を示します。図をみると交差点などの形状がきちんと残っていることがわかります。

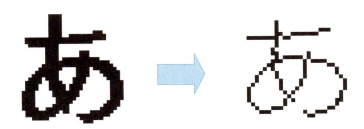

図10-30●細線化

◆ (2) 連結数

細線化ができたら、こんどは文字の幾何学的な特徴を調べます。ここでは、**連結数**と呼ばれる幾何学的特徴について見てみましょう。

連結数というのは、ある画素に対して、それと結合している図形成分の個数のことです。たとえば、3×3画素の中央の画素について考えてみると、中央の画素に対する連結数Ncは図10-31のように$Nc=1～4$になり、それぞれ端点、連結点、分岐点、交差点の4つに分類されます。

(b)の連結点は、細線化された線のほとんどの部分に該当しますので、特徴量としてはあまり役に立ちませんが、(a)端点、(c)分岐点、(d)交差点の数は、文字の種類によって異なりますので、特徴量として使えます。

例として図10-32に、細線化された手書き文字について端点、分岐点、交差点をそれぞれ○□△で囲って示しました。このような端点、分岐点、交差点の個数や座標を特徴量として使うことで、文字認識が可能になります。

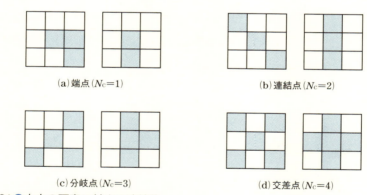

(a) 端点 ($N_C=1$)　　(b) 連結点 ($N_C=2$)

(c) 分岐点 ($N_C=3$)　　(d) 交差点 ($N_C=4$)

図10-31 ●中央の画素に対する連結数

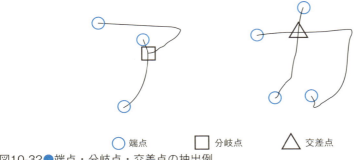
図10-32●端点・分岐点・交差点の抽出例

(3) 方向コード

細線化された文字線分の記述法として、**方向コード**というものがあります。これは、ある点から適当に設定された点に向かう方向を、図10-33(左)に示すような8方向のコードで表すものです。図10-33(右)に、細線化されたカタカナの「ア」に方向コードを当てはめたものを示します。方向コードは、線図形の方向性や線の曲がり方をなどの情報を含んでいるため、文字認識の特徴量として使えます。

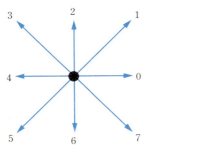
図10-33●方向コード

(4) 画素値を特徴量とする方法

文字の幾何学的な特徴を抽出する以外にも、画素値を直接特徴量とする方法もあります。たとえば、図10-34(a)のように、手書きされた文字をイメージス

キャナなどで64×64画素で取り込みます。次に前処理として、ローパスフィルタ（121ページ参照）などを使ってノイズ成分の除去を行います。さらに、文字の部分が外接する長方形を求め、その長い辺の長さが32画素になるように大きさを正規化します（図10-34(b)）。

このままだと、画素数が32×32＝1024画素あり、これをすべて特徴量とすると特徴空間の次元が高くなりすぎます。そこで、これをさらにローパスフィルタを使って滑らかな画像にした後、16×16画素の多階調画像に直します。最終的に、図10-34(c)のように、各画像の濃度値を16×16＝256次元の特徴ベクトルとすれば、先に説明した特徴空間を使ったパターン認識の手法を使うことができます。

なお、文字認識にはニューラルネットワークやディープラーニングを用いた方法もありますが、これについては次節で述べることにします。

(a)手書きされた文字
(64×64画素)

(b)正規化した文字画像
(32×32画素)

(c)低次元化された文字画像
(16×16画素)

図10-34●画素値を特徴量とする方法

10-10 ニューラルネットワークとディープラーニング

AIの分野で最近急速に性能の向上を果たした手法に、ディープラーニングがあります。ディープラーニングは、画像認識や音声認識、自動翻訳をはじめとする様々な分野で広く使われています。

ディープラーニングは185ページでも述べたように、ニューラルネットワークの一種といえますので、まずはニューラルネットワークについて説明します。

ニューラルネットワーク

コンピュータでは、あらかじめ決められたプログラムにしたがって、いろいろな処理が行われています。これに対して、人間の脳では、**ニューロン**と呼ばれる何百億個もの神経細胞が、お互いに複雑に絡み合って信号をやり取りすることで、記憶や判断などの処理を行っています。

このような脳の情報処理の機構については、いまだに十分な解明はなされていませんが、脳の構造を参考にして、高度な情報処理機能を実現しようとする**ニューラルネットワーク**の研究が盛んに行われています。ニューラルネットワークには、いろいろなモデルが提案されていますが、その代表的なものに、図10-35に示すようにニューロンが層状に配置された**階層型ネットワーク**があります。図中で、一番左側の層を**入力層**、右側の層を**出力層**、その中間にある層を**中間層**（あるいは**隠れ層**）といいます。

階層型ネットワークでは、**バックプロパゲーション**(Backpropagation)と呼ば

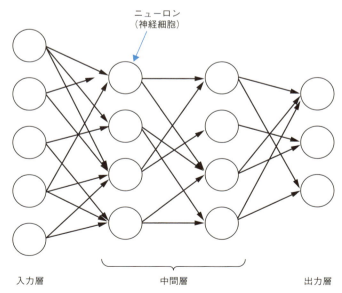

図10-35●階層型ネットワーク

れる学習の方法がよく使われます。バックプロパゲーションは、ニューラルネットワークへの入力信号に対して、出力の値が教師信号（入力データに対して正解となる出力信号）に近づくように少しずつニューロンを調整していく方法です。以下では、バックプロパゲーションを使って、文字認識を行う場合を見てみましょう。

ニューラルネットワークでは、ニューロンの働きを図10-36のように単純化して考えます。

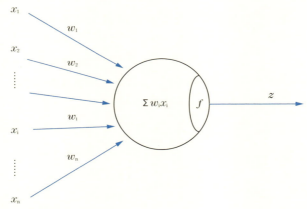

図10-36●ニューロンの働き

まずニューロンへの入力信号は、他のニューロンからの出力を値x_iとすると、それに重み（**結合係数**ともいいます）w_iをかけて、それらを加えあわせた値y

$$y = \sum w_i x_i$$

を入力値とします。ニューロンからの出力信号は、入出力関数$f(y)$により計算されて$z=f(y)$として出力されます。

この入出力関数（**活性化関数**ともいいます）は、図10-37に示す単純閾値関数のように、yがhを超えるとzが0から1にステップ的に変化するようなものでもよいのですが、バックプロパゲーションで学習の計算を行う場合は、計算の

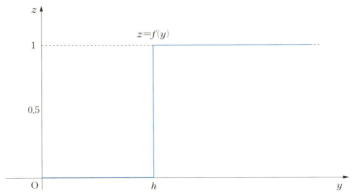

図10-37●単純しきい値関数

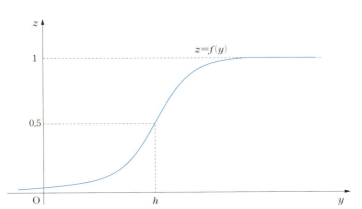

図10-38●シグモイド関数

都合上、図10-38のような滑らかで微分可能な**シグモイド関数**がよく使われます。このように脳のニューロンを単純化したモデルを**形式ニューロン**（**ユニット**もしくは**ノード**ともいいます）といいます。

いま、A、B、C、D、Eの5文字を識別させることを例として、図10-39のような構成を考えてみましょう。ここで、認識する文字は図10-34(c)と同じく、取り込まれた文字画像を前処理により16×16画素の多階調画像にしたものとします。

ニューラルネットワークでは、入力層のセルの数を256個として構成し、各

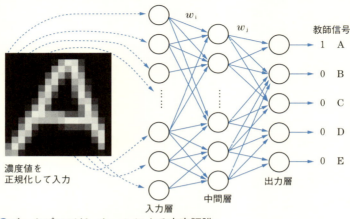

図10-39●バックプロパゲーションによる文字認識

セルを画素に対応づけます。そして16×16画素の文字画像の各画素における濃度値を0～1の範囲となるように正規化して入力します。

　出力層からの出力値は、それぞれA～Eの5文字に対応づけます。そして、出力値が最も大きいものを正解とします。

　次に、A～Eの各文字について、手書きで与えられた数種類のサンプルを訓練データとして用意し、ニューラルネットワークの学習を行います。学習では、文字「A」が入力された場合、「A」に対応づけられたニューロンからの出力が「1」、それ以外のニューロンからの出力は「0」となるように教師信号を与えます。

　そして、入力されたパターンに対する出力の応答が、教師信号と比較され、正解の場合はそこに至る結合係数w_i, w_jが強められ、それ以外の出力に至る結合係数w_i, w_jは、逆に弱められることによって学習が行われます。

　バックプロパゲーションでは、出力と教師信号との2乗誤差が小さくなる方向に徐々に結合係数w_i, w_jの修正を繰り返すことで、最終的に最適な学習結果を得ます。この手法がバックプロパゲーションと呼ばれるのは、出力層から入力層の方に向かって後ろ向き（バック方向）に結合係数を計算していくからです。

　以上からも分かるように、ニューラルネットワークにおける学習とは、訓練

データから結合係数を決めることを意味し、結合係数に学習結果が記憶されるとみなすことができます。学習が十分行われれば、未知の入力パターンの認識が可能になります。

なお、ニューラルネットワークへの入力値として、先に述べた様々な文字の特徴量を使うことも可能です。

ディープラーニング

ディープラーニングは184ページでも述べたようにニューラルネットワークの一種で、深層学習ともいいます。

何が深層（ディープ）なのかというと、一般的なニューラルネットワーク（たとえば図10-35）では中間層の数が少ないのに対して、ディープラーニングでは図10-40のように中間層の数が多く、階層が深くなっているのです。これを**ディープニューラルネットワーク**（DNN：Deep Neural Network）といいます。このように中間層の階層を深くすることで、従来のニューラルネットワークよりも複雑で多様な概念が学習できるようになります。

中間層の階層を増やすと、その分、学習に必要な計算処理が増えてしまいます。さらに、各層における結合係数を適切に学習させるための膨大な訓練データが必要になります。しかし、最近のコンピュータは計算能力が向上し、イン

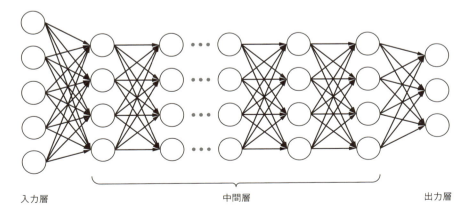

図10-40 ●ディープラーニング

ターネット上の膨大なデータから訓練データを作り出すことで、ディープラーニングが実用的に使えるようになりました。コンピュータの性能向上だけでなく、ディープラーニングには様々な改良がなされています。

以下では、ディープラーニングでよく使われる代表的な手法について説明します。なお、これらの手法は必ずしもすべてを同時に使う必要はなく、必要に応じて使い分けることになります。

◆活性化関数の改良

ニューラルネットワークの活性化関数（218ページ参照）では、図10-38のシグモイド関数が使われていました。しかし、ディープラーニングのようにニューラルネットワークの層が深くなると、バックプロパゲーションによる結合係数の修正がうまくいかなくなってしまいます。

この問題を解決するため、**ReLU**（Rectified Linear Unit）関数という活性化関数が使われるようになりました。図10-41にReLU関数をシグモイド関数と比較したグラフを示します（ここでは、閾値h＝0としています）。

図のように、シグモイド関数ではyが大きくなると関数の傾き（勾配）が小さくなり、一定の値に近づいていきます。この場合、ニューラルネットワークの層が深くなると、結合係数を修正する力が弱まってしまい、学習がうまくで

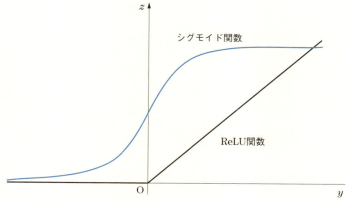

図10-41●ReLU関数とシグモイド関数との比較

きません（これを**勾配消失問題**といいます）。ReLU関数ではyの値に比例して出力zもどんどん大きくなるので、ニューラルネットワークの層が深くても、学習がうまくいくのです。

◆ドロップアウト

機械学習では、学習をすればするほど訓練データに対しては高い正解率が得られるようになります。しかし、あまり学習をさせすぎると、訓練していない未知のデータに対しては逆に正解率が下がってしまうことがあります。

つまり、練習問題に対しては成績がよいのに、本番のテストになると成果が出せないといった状態です。これを**過学習**といいます。ディープラーニングでも過学習の問題が生じますが、ネットワークの一部をランダムに無視して学習させる**ドロップアウト**という手法を使うことで、過学習を防ぐことができます。

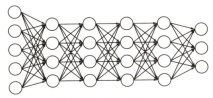
(a) 通常のネットワーク

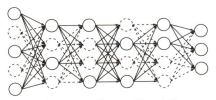
(b) ドロップアウトを行った例

図10-42● ドロップアウト

具体的には、図10-42のように(a)のネットワークのうち入力層および中間層のニューロンの一部を結合係数の更新のたびに一定の確率で切断し、残ったネットワークだけで学習するようにします。ただし、学習が終了した後の認識時には、すべてのニューロンを使うようにします。このようにするとなぜ学習がうまくいくのでしょうか。

機械学習の分野では、異なる複数の機械学習の結果の平均を取るなどして学習の性能を上げる**アンサンブル学習**という手法があります。人間の場合も「三人寄れば文殊の知恵」というように、一人で問題を解くより複数人で学習した知識を持ち寄って問題を解く方がうまくいく場合が多いのと同じです。ドロッ

プアウトは、複数のニューラルネットワークを個別に学習させて、それらの学習結果の平均値を取ることに相当します。つまり、ドロップアウトを行うことで、アンサンブル学習と同様の効果が期待できるのです。

　また、すべてのニューロンを結合させたディープニューラルネットワークで学習をさせると、結合係数を修正させるための誤差の計算が分散してしまい、うまく学習できない場合があります。ドロップアウトにより一部のニューロンの結合を切ることで、誤差の計算を一部のニューロンに集中させ、学習効果を上げられるというメリットもあります。

◆スパースコーディング

　ドロップアウトと同様に、機械学習における過学習を避けるための手法として**スパースコーディング**があります。スパースとは「疎らである」といった意味です。スパースコーディングは「生物の脳では、なるべく少ないニューロンを使って本質的な情報を学習している」という考え方に基づいた手法です。ドロップアウトでも、一部のニューロンに限定して学習することで過学習にならないようにしていました。スパースコーディングもこれと似ていますが、その本質的な意味は少し異なります。

　6章において、画像は様々な縞模様に分解できるということを説明しました(図6-19参照)。生物の視覚野にはこのような様々な縞模様に反応する細胞があり、これらの細胞の刺激の組み合わせにより効率的に画像認識をしているといわれています。スパースコーディングでは、「脳が画像を認識するときに、このような縞模様に反応する細胞の結合が最も少なくなる（つまり疎らになる）」という考え方に基づいて学習をさせます。

◆事前学習

　ディープラーニングでは、217ページで述べたバックプロパゲーションを使った学習が行われます。この方法は出力層から入力層の方にさかのぼって学習していきますが、ディープラーニングでは中間層がたくさんあるため、入力層に近いところに来ると学習がうまくいかなくなってきます。この問題を解決す

るためにネットワークの各層で事前に学習を行っておく方法が事前学習です。

事前学習では、出力が入力と同じになるように学習させる**オートエンコーダ**という方法がよく使われます。オートエンコーダでは入力データさえあれば正解のデータを用意しなくても学習ができるので、教師なし学習の一種といえます。事前学習で得られた結合係数を初期値にして、通常の学習をすれば良好な学習が可能になります。

なお、オートエンコーダは、事前学習だけでなく231ページでも述べるような様々な画像処理にも応用できます。

◆ミニバッチ

218ページでも述べたように、バックプロパゲーションでは、誤差を計算してニューロンの結合係数を更新する操作を行います。通常は訓練データ1件ごとに結合係数を逐次更新するオンライン学習が行われますが、ディープラーニングでは大量の訓練データを使用するため、多くの計算時間が必要になります。

最近のコンピュータでは同時並行で複数の計算ができる**並列計算**が手軽に使えるようになってきました。特に、もともと3次元のグラフィックスを高速に表示するための**GPU**（Graphics Processing Unit）は、並列計算も得意です。しかし、並列計算を利用するためには、あらかじめデータをまとめておく必要があります。そこで、ディープラーニングでは少数の訓練データをひとまとめにした集合（これを**ミニバッチ**といいます）を使って、並列計算により一括で学習をさせます。

このため、GPUを使ってミニバッチによるディープラーニングの学習が効率的にできるようになりました。また、ミニバッチを使うことで学習が早く収束するというメリットもあります。

ディープラーニングの応用例

ディープラーニングの画像処理への応用例に、Googleが発表した「Googleの猫」があります。YouTubeなどのインターネット上にある膨大な画像データを使って学習させたところ、AIが図10-43のような「猫」の存在を自動的に学

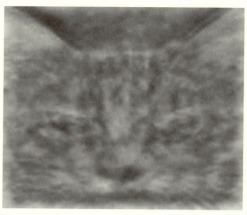

図10-43 ● Googleの猫
（出典：Quoc V. Le, et al., "Building High-level Features Using Large Scale Unsupervised Learning", June 26, 2012, Research at Google.）

習したというものです。

　ディープラーニングでは、195ページで述べたような特徴量が学習により自動的に求められ、それを使って識別できます。このため、人手により特徴量を決めるといった面倒がないのがよいところです。ディープラーニングで学習した結果、人間の顔、猫の顔、人間の体などの写真に反応するニューロンができます。そして、それらのニューロンの反応を見ることで、どのような画像が入力されたのかを識別できるようになります。

　図10-43の猫の画像は、猫に反応するニューロンがより強く反応するのはどのような画像であるかを、計算により作り出したものです。

　ディープラーニングは、このような画像の認識だけでなく、画像の中にある対象に図10-44のようにタグ付けをしたり、図10-45のように画像に対する説明文を生成したり、自動運転や感情の分析などにも使うことができます。また、著名な画家の過去の作品を学習させて、その画家が描いたような新しい作品を作り出すといったこともできます（232ページ図10-49参照）。

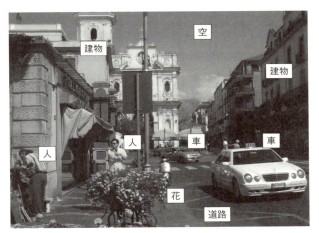

図10-44●写真内の対象を自動的に単語で記述

図10-45●写真の内容についての説明を自動的に生成したもの
(出典：Show and Tell: A Neural Image Caption Generator
https://www.researchgate.net/publication/307747289_Show_and_tell_A_neural_image_caption_generator)

畳み込みニューラルネットワーク（CNN）

画像のパターン認識で高い性能を実現できる代表的なディープラーニングに**畳み込みニューラルネットワーク**（**CNN**：Convolutional Neural Network。以下、CNNと略記します）があります。CNNは視覚情報を処理する脳の構造をヒントにしてつくられています。これは、もともと1980年前後に日本の福島邦彦が発表したネオコグニトロンから発展した手法です。

CNNは、図10-46のように入力層の後に**畳み込み層（Convolution Layer）**および**プーリング層（Pooling Layer）**と呼ばれる2種類の層を何回か交互に繰り返すことで構成されます。その後に、全結合層を経て出力層につながっています。

畳み込み層では、畳み込みと呼ばれる処理を行います。これは50ページ（図3-3）で説明したフィルタ処理とほぼ同様の方法で、前の層からの出力に対してフィルタ処理を行います。

3章でも述べたように、フィルタ行列を適切に設定すればフィルタ処理（つまり畳み込み処理）によって画像のエッジなどの様々な局所的な特徴を取り出すことができます（57ページ参照）。CNNではこのフィルタ行列の値がニューロンの結合係数に相当します。つまり、バックプロパゲーションによる学習により、フィルタ行列が適切な値になるのです。

畳み込みにより計算されたデータは活性化関数（218ページ参照）を通してプーリング層に渡されます。活性化関数には通常、図10-41のReLU関数が使われます。このように計算されたデータは**特徴マップ**と呼ばれます。畳み込み

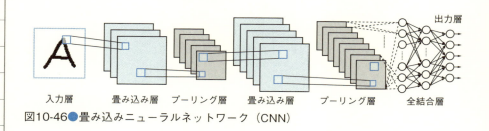

図10-46●畳み込みニューラルネットワーク（CNN）

のフィルタ行列は通常、複数種類使いますので、そのフィルタの数だけ特徴マップができます。

次にプーリング層では、特徴マップの特徴をできるだけ残すようにデータを間引きして減らします。たとえば、特徴マップのうち2×2の4個のデータがあるとすると、そのうち最大値となるデータのみを出力データにします（4個のデータの平均値を取る場合もあります）。これにより、データサイズが4分の1になります。このような処理により、畳み込み層で得られた局所的な特徴を適切にまとめる処理をします。また、画像の中で認識したい対象物の位置がずれても、きちんと認識ができるようになります。

そして、上記の畳み込み層およびプーリング層における処理を何回か交互に繰り返すことで、最初はエッジや線などの単純なパーツが抽出され、徐々に特徴同士がまとめ上げられ、最終的に顔や物などの複雑で抽象的な画像全体の特徴を捉えることができるようになります（図10-47）。つまり、従来の特徴量（に相当する構造）が中間層で自動的に獲得できるのです。

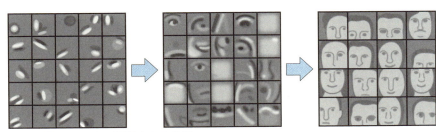

図10-47●CNNにより獲得された特徴

なお、画像認識では、認識がしやすいようにコントラストや明るさの調整が必要になるという話を4章で述べました。そこで、プーリング層の後に正規化層を入れて認識がしやすいように調整する場合もあります。正規化層では**局所コントラスト正規化**と呼ばれるコントラストの調整がよく使われます。

CNNの出力層の手前には図10-46のように全結合層が置かれています。畳み込み層とプーリング層ではニューロン間の結合を局所に限定する形になっていますが、全結合層では通常のニューラルネットワークと同じように各層のユニ

ットは次の層のユニットとすべてつながっています。

　そして、出力層では最終的に識別したいクラスの数と同数のユニットにまとめられます。たとえば、10種類の文字を識別したければ、最終的に出力層のユニットは10個にします。また、出力層では通常、**ソフトマックス（Softmax）関数**という活性化関数を使って、ニューラルネットワークの出力結果が確率の値になるように変換します。

　なお、畳み込み層とプーリング層ではニューロンの結合が全結合層よりも少なくなっています。これは、無関係なニューロンの結合を切って関係性が高い結合を残すことに相当します。223ページで述べたドロップアウトやスパースコーディングでもそうでしたが、生物の脳と同様に、うまくニューロンの結合を減らしてやることが大切といえます。CNNでも結合の度合いを減らすことで学習の性能が向上し、計算すべきパラメータの数が減って、学習が速くなります。また、CNNは224ページで述べた事前学習を行わなくても問題なく学習できるという特長もあります。

RNN、オートエンコーダ、DQN

　ディープラーニングには、CNN以外にもRNNやオートエンコーダ、DQNなどの手法があります。以下ではそれらの概要を説明します。

◆RNN

　CNNでは基本的に静止画像しか扱えませんが、動画などの時系列で変化するようなデータも扱えるようにしたニューラルネットワークに**再帰型ニューラルネットワーク**（**RNN**：Recurrent Neural Network。以下、RNNと略記します）があります。時系列で変化するデータを扱うため、中間層の値を中間層に入力するというネットワーク構造になっています。

　図10-48にRNNのネットワークの一部を拡大したものを示します。実線の矢印は、通常の階層型ネットワークのセルの結合と同じように左から右方向に信号が伝わっていきます。RNNでは、これに破線の矢印が追加されます。あるセルから出た破線の矢印は、自分のセルもしくは自分と同じ階層の他のセルに

も結合しています。つまり、以前に計算された情報を覚えておくことができるということです。これにより、過去の情報を引き継ぎながら新しい出力を作ることができます。

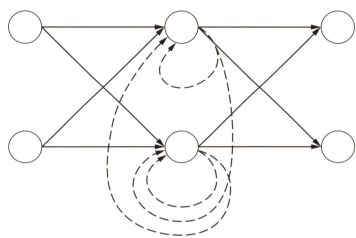

図10-48●RNNの一部を拡大したもの

しかし、RNNに長時間のデータを適用しようとすると、学習がうまくいかなかったり、計算に時間がかかりすぎたりするなどの問題がありました。そこで、長期の時系列データを学習できるように改良した手法として**LSTM**（Long Short-Term Memory）があります。LSTMでは、過去の情報の重要な部分を引き継ぎながら必要性の低い情報を忘れていくようになっています。

LSTMは音声認識や自然言語処理（英語から日本語への翻訳など）にも使われています。ただし、動画の認識についてはまだ十分な性能を発揮できているとはいえず、多くの研究者により性能の向上がはかられているところです。

オートエンコーダ

オートエンコーダは、224ページでも説明したように事前学習をするために入力と出力が同じになるように学習させるものでした。事前学習以外にも、オートエンコーダは様々な画像処理に使うことができます。

たとえば、同じ写真でカラーのものとモノクロのペアを用意しておいて、モノクロ写真の入力に対してカラー写真が出力になるように学習させることで、モノクロ写真からカラー写真を自動的に生成できるようにできます。また、解像度の低い写真の解像度を上げたり、ノイズを除去したりもできます。これも、解像度の高い写真とその解像度を低くした写真や、ノイズを付加する前後の写真のペアを使って学習させればよいのです。

　さらに、入力画像から似たものや、特徴を変えたりしたものも生成できます。

(a)

(b)

図10-49● (b)の図は(a)の写真を画家の作風をまねた画像に自動的に変換したもの
　　　（出典：Leon A. Gatys, et al., "A Neural Algorithm of Artistic Style", Journal of Vision, August 2015）

図10-49の下の絵(b)は、画家の作風((b)左下の小さい絵)をまねた画像を生成するように学習させたディープラーニングを使って、上の写真(a)を変換した例です。

ディープラーニングでは、入力とそれに対する正解がペアになった訓練データを大量に用意しなければならず、それが大変な作業になります。しかし、オートエンコーダは教師なし学習なので、大量の訓練データを簡単に用意でき、十分な学習をさせることができるというメリットがあります。

なお、オートエンコーダでは入力層のユニット数に対して中間層のユニット数を減らしてやる必要があります。なぜなら、中間層のユニット数が多いと、入力層のデータが出力層にそのまま出てきてしまうからです。中間層のユニット数を減らすことで、特徴量の次元を圧縮して認識対象の本質を学習する効果が得られるのです。

◆DQN

試行錯誤をしながら最適な行動を見つける学習アルゴリズムを**強化学習**（reinforcement learning）といいます。ある動作が望ましい結果であれば報酬を与えることで、行動の良し悪しを判断させ、その報酬が最大になるように行動を変えさせるものです。うまくいったら、ご褒美をあげて成長させていくといったイメージです。

結果に対して正解は用意しませんので、教師あり学習ではありませんが、結果の良し悪しに応じて学習をさせるので教師なし学習でもありません。それらの中間的な学習方法になりますので、**半教師あり学習**ともいわれます。正解のデータを大量に用意しなければならない教師あり学習よりは手軽に学習させることができるのがよいところです。

強化学習の手法の一つにQ学習があります。そして、Q学習とディープラーニングを組み合わせたものを**ディープQネットワーク**（**DQN**：deep Q-network。以下、DQNと略記します）といいます。Googleに買収されたディープマインドという企業は、ブロック崩しなどのテレビゲームのルールや操作法を人間が教えなくてもDQNを使って自動的に学習し、人間より高得点を出すAIを開発

して注目を浴びました。囲碁対決で人間を破った人工知能「AlphaGo」もディープマインドが開発したシステムです。

ディープラーニングを使う上で

　ディープラーニングをコンピュータで動かす場合、自分で最初からプログラムを作成する方法もありますが、手軽にディープラーニングを試してみたい場合は、いろいろな企業や団体が公開しているフレームワークを利用するのが便利です。たとえば、GoogleのTensorFlow（テンソルフロー）、日本のPreferred Networksが開発したChainer（チェイナー）などがあります。これらのフレームワークを利用すれば、比較的手軽にディープラーニングを使うことができます。

　ただし、ディープラーニングで何か新たに学習をさせたい場合は、訓練データを自分で用意する必要があります。先にも述べたように、ディープラーニングでは大量の訓練データが必要であり、ユーザーにとってはそれを準備するのが大変です。そのために、訓練データを増やすデータ拡張をする場合もあります。たとえば、画像に平行移動、反転、回転などの微小な変形を加えたり、コントラストを変えたり、平滑化などのフィルタをかけるなどして、同じ画像から少し異なった画像を作り出すことができます。これにより、データを水増しすることで大量の訓練データを用意したのと同じような効果が得られます。

　このように自律的に学習し、高い性能を実現できるディープラーニングですが、ディープラーニングがどのように学習して結果を導き出しているのかは、そのプログラムを作成した人間にもじつは分からないのです。たとえディープラーニングが下した結論が正しかったとしても、なぜそのような結論になるのか人間には納得いかない場合も少なくありません。最終的には、ディープラーニングが下した結論を人間が信じるかどうかの問題になってきます。ディープラーニングを実社会に応用する上では、このような問題を解決する必要もあると考えられます。

Chapter 11
様々な分野で活躍する画像処理

Chapter 11 様々な分野で活躍する画像処理

11-1 ステレオビジョン

　203ページでは、基本的に1枚の2次元画像から、画像内にどのような物体が存在するのかを理解するための手法について説明しましたが、2次元画像からは奥行きの情報が失われているため立体形状を求めることは簡単ではありません。

　もし画像処理を使って奥行きの情報を求めることができれば、3次元空間のどこにどのような物体が存在するかを認識することが容易になるはずです。

　人間は、2つの目を使って「奥行き」を認識できる能力があります。右目と左目に映る映像には、物体までの距離によって微妙にズレが生じます。これを「視差」といい、人間の脳は視差から立体感を感じ、物体までのおおまかな距離をつかむことができます。コンピュータにこの処理をさせることを**ステレオビジョン**といいます。以下では、ステレオビジョンの手法について見てみることにします。

　ステレオビジョンについて考えるためには、まずカメラで映し出される画像と、三次元物体との位置関係について知っておく必要があります。

　図11-1(a)を見てください。これは、イメージセンサにCCDを使うデジタルカメラで、ある物体を撮影する場合の様子を示します。

　実際のデジタルカメラでは、画像がひずんだり色がにじんだりしないように、複数のレンズを組み合わせますが、ここでは複数のレンズを1枚のレンズで単純化して示しています。物体から出た光線はレンズで屈折し、CCD面に像が映し出されます（像は上下左右が逆になります）。映し出された画像はCCDによって電気信号に変換されて、最終的にデジタルデータとしてメモリに記録されます。

　カメラのピントがきちんとあっていれば、物体上のある点（たとえば図中のA点）から出た光は、レンズのいろいろな場所に入って屈折した後、最終的にCCD面上の1点（A'点）に集まり、像を結びます。もしピントがずれていると、

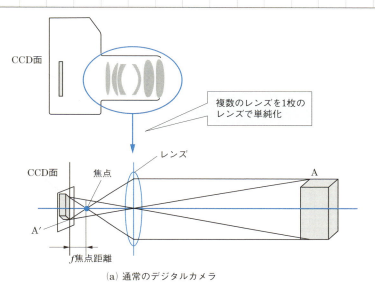

(a) 通常のデジタルカメラ

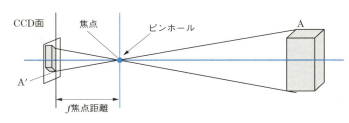

(b) ピンホールカメラ

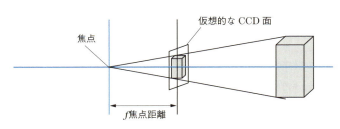

(c) 仮想的なカメラモデル

図11-1 ● カメラのモデル

A点から出た光がA'点できちんと1カ所に集まらず、いわゆるピンぼけ写真になってしまいます（ピントは写したい被写体の距離に応じてCCD面とレンズとの距離を調整して合わせます）。

なお、図中で光軸に平行な光線がレンズに入射したときに光が集まる点を**焦点**といい、CCD面から焦点までの距離を**焦点距離**といいます。

ステレオビジョンで使うカメラのモデルでは、このレンズを省略し図11-1(b)に示すような**ピンホールカメラ**でモデル化します。ピンホールカメラは、レンズの代わりに非常に小さな穴（ピンホール）の開いた薄い板を置いたものです。

このピンホールカメラは、ピントを合わせる必要がありません。なぜなら、物体上のA点から出た光は、必ず小さなピンホールだけを通ってCCD面に像を結ぶからです。遠くの物体でも近くの物体でも、ピントあわせしなくてもきれいに像を結ぶこと（これを被写界深度が深いといいます）がピンホールカメラの長所です（近視や遠視の人が目を細めると、よく見えるようになるのも同じ理由からです）。しかし、光を通す穴がとても小さいため、画像が暗くなってしまうという大きな欠点があるため、通常はレンズを使って光を集める必要があるわけです。

余談ですが、レンズ付きフィルム（使い捨てカメラ）などでピント合わせが不要なのは、レンズが小さい（つまりピンホールカメラに近い）からです。この場合、画像が暗くなることへの対策はフィルムの感度を上げることで対応しています。

ピンホールカメラでは、穴の位置に光が集まるので、そこが焦点になります。また、穴の位置からCCD面までの距離が焦点距離です。ステレオビジョンで使うカメラのモデルでは、このピンホールカメラを使います。

通常のカメラでも、レンズから物体までの距離がある程度大きければ、対象物からの光はレンズの光軸とほぼ平行に入ってきます。平行な光線は焦点を通るので、そこにピンホールがあるものと考えれば、ピンホールカメラと同じと考えてもよいことになります。

ただ、ピンホールカメラモデルでは、画像が上下左右に反転して写し出されるので、図11-1(c)のように、ピンホールの前方の位置に仮想的なCCD面を置

いて、そこに投影するものと考えます。このようにすれば、像が反転せず取り扱いが簡単になります。なお、これはもともとピンホール（焦点）だった場所を視点とし、CCD面をガラス面とみなして、このガラス越しに物体を見た場合と同じことになります。

以上のピンホールカメラモデルを使って、ステレオ画像処理の原理について考えてみましょう。ステレオ画像処理では、図11-2に示すように、2台のカメラを使って物体までの距離を測ります。

図では、2台のカメラが光軸が平行になるように置かれています。ただし、ここでは先に説明したカメラモデルで図解しています。2台のカメラの中心から中心までの距離Lを基線長といいます。また、焦点距離をfとします。

いま、2台のカメラで物体を写すと、物体上の点Aは、図のように左側のカメラでは中心より少し右よりの座標点$A_L(x_L, y_L)$に写し出されます。一方、右側のカメラでは少し左よりの座標点$A_R(x_R, y_R)$に写し出されます。

つまり、3次元上の同じ点Aが、左右のカメラで座標がずれて写し出されるわけです。このずれ量が視差に相当するもので、視差の量から奥行きの情報を

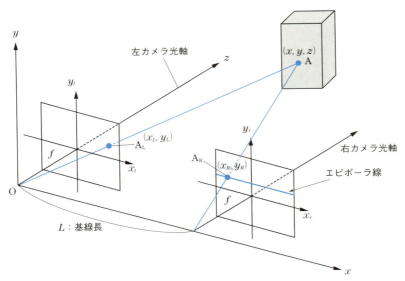

図11-2●ステレオビジョンの原理

得ることができます。具体的には、図11-2の幾何学的な関係から計算すると、A点の座標 (x, y, z) は、以下のように求めることができます。

$$x = \frac{Lx_L}{x_L - x_R}, \quad y = \frac{Ly_L}{x_L - x_R}, \quad z = \frac{Lf}{x_L - x_R}$$

このように、対象物が左右のカメラで写し出される座標さえ分かれば、3次元座標を上の式で簡単に計算できます。

ただし、コンピュータでこれを自動的にやらせようとすると、難しい問題がひとつあります。それは、左のカメラに写っている点A_Lに対応する点が、右のカメラのどこに写っているのかをコンピュータに見つけ出させることです。

人間なら、A_Rの点を簡単に見つけ出すことができますが、これをコンピュータにさせることは結構難しいのです。

その作業にはテンプレートマッチング（207ページ参照）の考え方を使って、A_L点における画像の特徴量を持つ部分を右側のカメラ画像から探し出すことによって求めます。ただし、この作業を全画面に対して行うと時間がかかってしまいますので、次に述べる**エピポーラ線**という考え方を使って、探し出す領域を限定します。

左側のカメラに写し出されているA_L点は、3次元上のA点を写したものです。ここで、少なくともA点は、A_L点とA点を通る直線上に存在することは間違いありません。この線が仮に見えるものとして、この直線を右側のカメラに映し出したものをエピポーラ線といいます。A点は必ずエピポーラ線上にあるはずなので、画像全体からA点を探さなくても、エピポーラ線上だけからA点を探せばよいことになります。

このようにして、ステレオビジョンでは対応点を見つけ出すための時間を短縮しています。

なお、以上では2つのカメラを使う場合を説明しましたが、カメラの死角を減らしたり計測の精度を高めたりするために3台以上のカメラを使う場合もあります。

11-2 レンジファインダ

　ステレオビジョンは、対象物から普通に得られる光の情報を使って計測を行う方法（これを受動的計測法といいます）でした。この他にも計測装置から対象物に、光や電波、音波などを照射して、その反応から位置や形状を計測する方法もあります（これを能動的計測法といいます）。その代表的なものが、図11-2における2台のカメラの片方を、レーザ光線を出す装置におきかえる図11-3に示すような方法です。このような手法を**アクティブステレオ法**といいます。

　レーザ光線は、光が広がらずにまっすぐに進むので、距離を調べたいものに光をあてると、そこに光の点ができます。カメラに写った光の点をみつけるのは、先ほどのように2台のカメラで点の対応づけをするより、はるかに簡単ですので、コンピュータの処理も簡単ですみます。このような原理の距離測定装置のことを**レンジファインダ**といいます。

　ただし、いろいろな場所の距離を調べるためには、レーザ光線をいろいろな場所に当てる必要があります。これには時間がかかるので図11-4のように細長

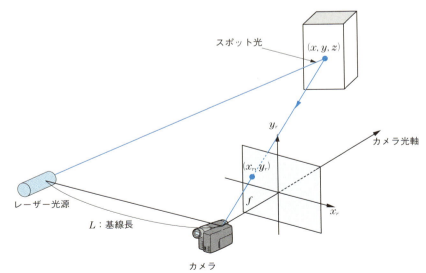

図11-3●レーザ光線を使ったレンジファインダ

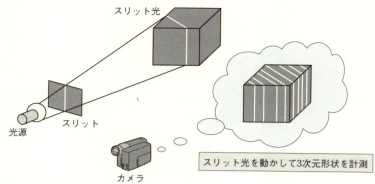

図11-4 ● スリット光投影法

い「スリット光」を動かしていって、距離をはかる装置もあります。

これ以外にも距離をはかる方法として、光を対象物に照射し、反射してもどってくるまでの時間により対象物までの距離を計測する方法(これを**ToF**(Time of Flight)といいます)など、いろいろな方法が考えられています。

ちなみに、マイクロソフトのゲーム機Xbox用にKinect(キネクト)という距離センサがあり、ゲームだけでなく研究用途などにもよく使われています。Kinectにはバージョン1と2があり、バージョン1では赤外線によるパターンを照射して、それをカメラで捉えて上記で述べたアクティブステレオ法により距離を計測します。これに対して、バージョン2ではToFにより距離を計測します。

11-3 アクティブビジョンとビジュアルサーボ

以上では、主に固定されたカメラにより、3次元のシーンを解析する方法について述べました。最近では、ロボットにカメラを取り付けて、移動ロボットの目として使われることが多くなってきています。

ロボットにカメラが搭載されれば、最初に得られた画像からコンピュータによりロボットが次にどう動くべきかを計算し、その動いた結果、得られる新しい視点の画像を使ってさらに詳しく3次元シーンを調べることができます。このようにカメラを積極的に動かして、最も認識しやすい画像を得ようとする方

法を**アクティブビジョン**といいます。

　人間でも、対象物が分かりにくいときは、自分で動いていろいろな方向から物体を見ることがありますが、アクティブビジョンはそれと同じ発想だといえます。その代表的なものに図11-5に示す**ハンドアイシステム**があります。これは、ロボットアームの先端にカメラを取り付けたアクティブビジョンシステムです。一方向からだけでは分かりにくい3次元の対象物でも、視点を変えた複数の画像を調べることで、3次元物体の理解が容易になります。

　上記のハンドアイシステムで、ロボットアームを動く物体に追従させようとする**ビジュアルサーボ**と呼ばれる手法も研究されています。従来は、対象物に追従するようにロボットを動かすためには、対象物に位置センサを取り付けて、そこから得られた位置情報に追従するようにロボットを動かすのが一般的でした。ビジュアルサーボなら対象物にわざわざセンサを取り付けなくても、ロボットにカメラを取り付けておくだけでどのような対象にでも追従できるという

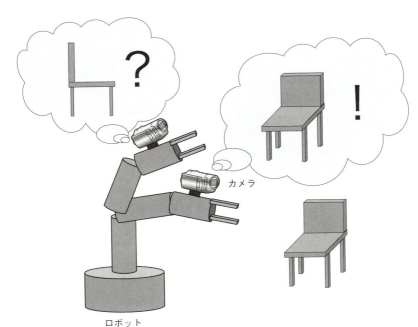

図11-5●ハンドアイシステムによるアクティブビジョン

メリットがあります。以前はコンピュータの処理能力が低く画像処理に時間がかかったため、このような方法は実現が難しかったのですが、コンピュータの性能向上のおかげで、今後はこのような手法も一般的になると考えられます。

ビジュアルサーボでは、先に述べたステレオビジョンを用いて得られた3次元位置情報を使ってロボットを制御する方法や、得られた画像の特徴量から直接ロボットを制御する方法などがあります。後者の方法として、**オプティカルフロー**を使う手法があります。

オプティカルフローというのは、図11-6のように、移動する物体の各点が移

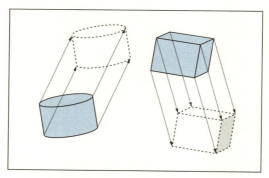

(a) オプティカルフロー(矢印の部分)

 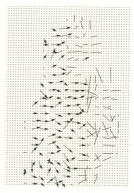

(b) オプティカルフローの例

図11-6●オプティカルフロー

動した様子を、矢印（ベクトル）で表したときのその分布のことです。移動物体を抽出したり、追跡していくためには、まずこのオプティカルフローを求めます。

　オプティカルフローを使えば、移動物体の移動方向や速度などの3次元的な運動の認識に使うことができます。オプティカルフローを求める方法には、動画像の前後のフレームの間で、特定の画素の対応点を探し出して求める方法や、画像の各点の明るさの空間的および時間的な変化を調べて計算する方法などがあります。

　ビジュアルサーボでは、ロボットアームに搭載されたカメラの映像に、オプティカルフローが生じないような方向にロボットアームを動かすことで、物体の運動に追従させることができます。

11-4 バイオメトリクス

　銀行のキャッシュカードや、クレジットカードが他人に使われないようにするためには、本人であることの確認が重要ですが、暗証番号やサインだけでは、十分な安全性が保証できるとはいえません。

　個人の認証やデータの安全性、機密性、完全性を守る手段の一つに、バイオメトリクス認証があります。**バイオメトリクス**（Biometrics）は、バイオロジー（Biology：生物学）とメトリクス（Metrics：計測）の合成語で、図11-7のように、個人が持っている身体的特徴を利用した本人の認証方法です。暗証番号を覚えたりカードを用意したりといったことが必要なく、他人のなりすましを防ぐこともできます。

　バイオメトリクス認証には様々なものがありますが、その多くの部分で画像処理が重要な技術として使われています。以下では、代表的なものについてその概要を見てみましょう。

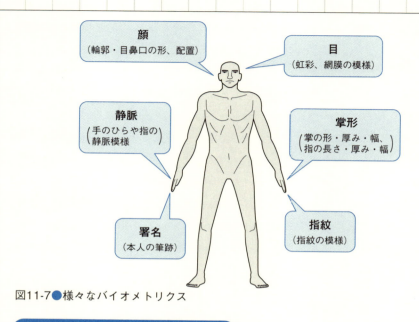

図11-7●様々なバイオメトリクス

指紋によるバイオメトリクス

　指紋は一生変化せず、一卵性双生児でも異なっているため、バイオメトリクス認証の中でも最も使われています。最近ではパソコンのログオンや、スクリーン・セーバーの解除などに指紋認証装置を採用するものも増えてきています。

　指紋の主な読み取り方式には、スキャナと同様の光学式をはじめ、指紋の凹凸によって発生する静電容量や電界強度を測る静電容量方式や電界強度方式など、様々な方法があります。読み取られた指紋画像は、先に述べたパターン認識の方法と同様に、ノイズ除去や細線化などの前処理を経て、特徴量を抽出して指紋データと照合・認識されます。

　指紋の特徴量の抽出方法には様々なものがあります。なかでも、指紋の分岐点（指紋の枝分かれ）や端点（指紋の切れ目）などの特徴点（これを**マニューシャ**といいます）の種類や位置、方向を数値化して、指紋全体の数値を求め、登録指紋との一致度合いを計算して本人かどうかを判定する**マニューシャマッチング方式**と呼ばれる方法がよく使われます。

　また、二つの特徴点の間に走る隆線（指紋の凸部）の数や、特徴点同士の連

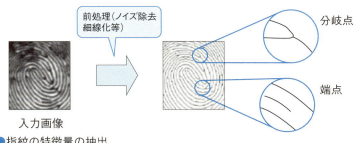

図11-8 ● 指紋の特徴量の抽出

結関係を合わせて数値化して照合精度を高める**マニューシャリレーション方式**と呼ばれる方法もあります。

これ以外にも、指紋の特徴的な個所を207ページで述べたテンプレートマッチングの方法で、比較して照合する方法などもあります。さらに、指紋のパターンをフーリエ変換し、周波数領域での特徴を調べてマッチングする方法もあります。

虹彩によるバイオメトリクス

指紋を使ったバイオメトリクスは便利ですが、指紋をシリコンゴムなどで偽造される場合もあり、安全面で完全ではない部分もあります。

これに対して、虹彩認証は偽造が難しいという点で優れています。虹彩（アイリス）は図11-9のように目の瞳孔を取り巻く環状の部分で、瞳孔を拡大したり縮小したりする筋肉の細かい皺が複雑な模様となっていて、この模様が異なることを利用して個人を特定できます。虹彩の模様は2〜3歳で完成し、その後、生涯変化しないため安定した認証ができます。

利用者は装置の前に立ち、カメラを覗くだけでよく、他のバイオメトリクス装置に比べて認証が速く、精度も高いという特長もあります。

認識の方法は、図11-10のように、まず広角カメラ撮影された顔から目の部分を探しだし、望遠カメラで目の部分だけを撮影します。

次に、目の部分から、瞳孔の外側の円周と、黒目と白目の境界を検出してその間にある虹彩のエリアを抽出します。

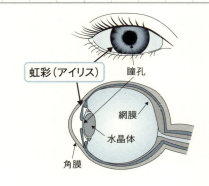

図11-9●虹彩

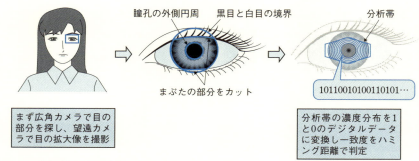

図11-10●虹彩認証の手順

　虹彩の上下にまぶたがかかるとデータに影響が出るため、虹彩の上下部分をカットした範囲（これを分析帯といいます）を取り出し、特徴抽出をします。周囲の明るさにより瞳孔の大きさが変わりますが、虹彩の模様は相似的に変化するので、認識上は問題ありません。

　特徴抽出では、たとえば虹彩の濃度分布を放射状に調べたものを1と0のデジタルデータに変換します。そのデータと登録データとの一致度をハミング距離（1と0の数値が一致しない部分の総数）という距離の指標を使って調べます。そして、ハミング距離がある閾値以下になったとき、それを本人と判定します。

　なお、目を使ったバイオメトリクスには虹彩ではなく、目の網膜の毛細血管のパターンを認識する方法もあります。

顔によるバイオメトリクス

人間は、人の顔を見て個人を判別できます。これを機械でやらせようとするのが、顔によるバイオメトリクスです。

顔画像による認識は（人間が認識する場合でもそうですが）、一卵性双生児の区別がつかないなどの問題があります。しかし、距離が離れていても認識できるので対象者に意識させず、歩きながらでも認証が可能というメリットがあるため、活発に研究・開発がされています。

顔認証システムは、人間の顔を検出する顔検出部分と、検出した顔画像から顔を認証する顔照合部分に分けられます。以下では、それらの概要について説明します。

◆顔検出の手法

顔の検出は、カメラで撮影された画像から顔が持つ特徴を探し出して判定する方法（たとえばコントラストが比較的はっきりとしている目の部分を探し、その配置などから判定）、パターン認識やニューラルネットワークを使う方法などがあります。ここでは**Haar-Like（ハール・ライク）特徴**と、**AdaBoost（エイダ・ブースト）** を組み合わせた方法について述べます。

Haar-Like特徴は、図11-11(a)のように縦や横の単純な縞模様からなる特徴です。顔画像の一部分にはこのような局所的な明暗差が現れやすいことからその組み合わせにより顔画像かどうかを判別することができるのです。

図11-11(b)のように写真の部分的なブロックごとに、このHaar-Like特徴量を求め、208ページで述べた特徴空間を使った識別により顔かどうかを検出することができます。

ただし、Haar-Like特徴には検出がうまくいくものや検出に向いていないものなど、様々なものがあります。そこで、事前にたくさんの顔画像のサンプルを使って、検出がうまくいくHaar-Like特徴をいくつか求めておき、それらを組み合わせて多数決により判別するAdaBoostという方法が使われます。AdaBoostは、複数の識別結果を組み合わせて最終的な判別をするので、223ペ

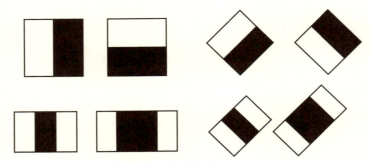

(a) Haar-Like 特徴の例

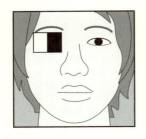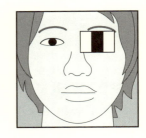

(b) 顔の特徴量を捉える

図11-11●Haar-Like特徴による顔検出

ージで述べたアンサンブル学習の一種といえます。

◆顔照合の手法

　顔照合部分では、検出された顔画像とあらかじめ登録されている顔画像を照合して個人を特定します。顔画像は、髪型や眼鏡の有無、化粧などによって変化するので、それらの影響が少ない顔の特徴的な部分を計測して行われます。

　たとえば、図11-12のように、目、鼻、口の位置関係をグラフにして検出し、そのグラフに対してマッチングを行う方法などがあります。

　また、撮影する顔の角度や姿勢の変化にも対応できるよう、登録された正面の顔から、その顔が横を向いたときや、照明による影の当り具合を予測したいくつかの画像をコンピュータ内部に作っておき、それらに対して入力画像とのマッチングを取る方法もあります。ただし、それだけではサングラスやマスク

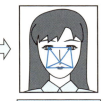

図11-12●顔認識の例

をした場合の認識が難しいため、顔画像を複数の部分領域に分割し、それぞれの領域ごとに類似度を計算する方法が開発されています。

これ以外にも、パターン認識や統計的な手法なども使われています。

静脈パターンによるバイオメトリクス

手のひらの静脈パターンは人により異なり、大きさ以外は、成長や老化などによらず生涯変わらないという特徴があります。

利用者は、赤外線などを使った読取装置に手をかざし、読み取られた静脈パターンが装置内のデータベースと照合されます。虹彩による認識と同じぐらいの高い認識率が実現でき、読取りセンサが非接触式なので手を触れる必要がなく、衛生的でセンサの汚れによる認識率の低下も少ないといえます。

また、指紋のような体表の情報は、型を取って樹脂などで同じパターンを偽造される危険性がありますが、静脈は体内の器官であるため偽造が難しいという点でも優れています。

静脈認証装置では、図11-13のように近赤外線を手のひらに照射し、それを読み取って画像化します。

静脈は、動脈に比べて皮膚側に近いので読み取りやすく、静脈中の赤血球が特定の近赤外線を吸収するため、静脈の模様だけを読み取ることができます。読み取られた画像から図11-14のように前処理により、静脈部分だけを取り出し、これをあらかじめ登録しておいた静脈模様と照合します。

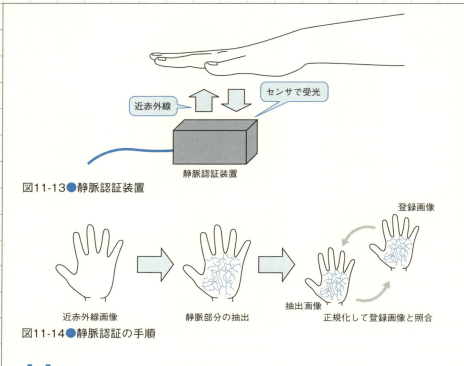

図11-13●静脈認証装置

図11-14●静脈認証の手順

11-5 コンピュータ断層撮影

　病院で、私たちの身体の中の様子を調べるとき、レントゲン写真がよく使われますが、これは、透過性の高い10nm以下の短い波長を持つX線を使って人体内部を撮影するものです。レントゲン写真は、身体の内部を透かして見ることができますが、投影された画像しか得られないので、病気の部位がどこなのかを正確に把握するのが難しいという欠点があります。

　そこで、デジタル画像処理を用いた**コンピュータ断層撮影**が開発されました。コンピュータ断層撮影は、**CT**（Computed Tomography）とも呼ばれ、X線などの放射線を使って撮影された画像をコンピュータで処理し、人体や物体を輪切りにして見たときの画像を作り出す装置や技術のことです。

　代表的なものに、X線を使う**X線CT**がありますが、これ以外にも核磁気共鳴という現象を用いた**MRI**（Magnetic Resonance Imaging）や、陽電子を検出し

て撮影する**PET**（Positron Emission Tomography）、超音波を使う**超音波検査**などがあります。以下では、これらのコンピュータ断層撮影で使われている画像処理の手法について見てみることにしましょう。

X線CT

　X線CTは、コンピュータ断層撮影の中で最初に実用化されたもので、最も使われています。X線CTは、レントゲン写真と同じようにX線を使うのですが、デジタル画像処理を行うことで、人間の断面画像を撮影することができます。

　X線CTの形は、図11-15のように、ドーナツのように真ん中に穴があいたガントリと呼ばれる部分と、患者が横たわるベッドからできていて、ベッドがガントリの中をゆっくりと通過しながら撮影します。

　ガントリの内部では、X線を発生するX線源とX線を検出する検出器がペアになっていて、それが高速で回転しながら撮影するようになっています。

　このようにして得られた画像は、単にいろいろな方向から撮影したレントゲン画像にしかすぎないので、このままでは断面の画像にはなりません。

　断面画像を構成するためには、図11-16のように、撮影された濃淡のデータをまず、FFT（105ページ）により周波数領域のデータに変換します。X線源と検出器が360度ぐるりと一周していろいろな角度から撮影された濃淡波形の周波数領域のデータから、2次元のFFTデータを図のように構成します。これ

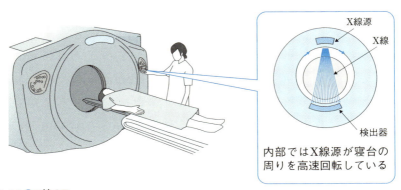

図11-15 ●X線CT

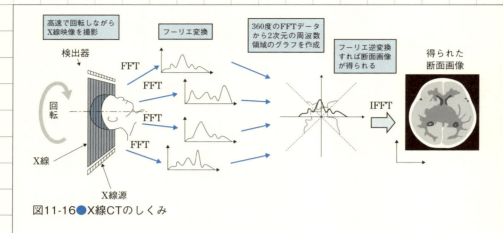
図11-16 ●X線CTのしくみ

がじつは、断面画像をFFTにより周波数領域に変換したものと一致することが理論的に分かっています。

そこで、2次元のFFTデータをIFFTにより画像データに変換することで、断面画像を得ることができます。

初期のX線CTでは、図11-17(a)のように1枚の断層画像を得るために、ベッドを一度停止してからX線源を1回転して撮影していたので、多くの断面を撮影するには、ベッドを細かく移動・停止させながら何度も撮影する必要がありました。このため、撮影時間が長くかかり、息を止める位置などの影響で、断面の形状も変化してしまうなどの問題がありました。

そこで、ベッドを一定速度で動かしながらX線源を回転させることで、図11-17(b)のように、患者から見てらせん状に撮影することができる**ヘリカルCT**が開発されました。ヘリカル（helical）は「らせん状の」という意味です。

ヘリカルCTでは、一度息を止めるだけで広い範囲の撮影ができ、検査時間も短縮できるという長所があります。さらに、図11-18のように、X線を従来よりも広い角度で照射し、X線検出器も複数並べることで、X線源が1周するだけで、より多くの範囲を撮影できるようにした**MDCT**（Multi-row Detector CT、多列検出器CT）も開発されています。

以前のCTでは、1cmや5mm刻みで撮影された断面画像を並べて表示して、

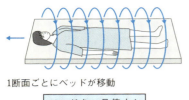
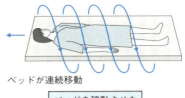

(a) 従来のX線CT　　　　　　　　　　(b) ヘリカルスキャン

図11-17●従来のCTとヘリカルスキャン

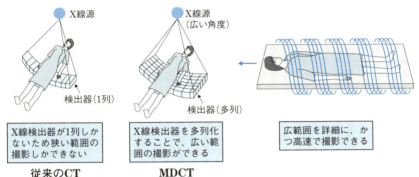

図11-18●MDCT

　診断していましたが、MDCTでは、0.5mm以下といった非常に薄いスライスでの断面画像が得られるため、これらのデータを使って3次元の映像を作り出すこともできます。

　2次元の画像は、17ページで述べたように、画素（ピクセル）によって表現されていますが、中身の詰まった3次元映像データは**ボクセル**（voxel）によって表現されます。ボクセルは、3次元空間を、小さな立方体の集まりとして格子状に分割して、その一つ一つに色のデータをもたせたものです。ボクセルで作成された立体のデータを使えば、立体の表面だけでなく、内部の様子も詳細に表現できます。

　たとえば、図11-19(a)のように、血管や肺などの臓器を透かしてみたような3次元CG（コンピュータ・グラフィックス）を描くこともできます。単なる断

面画像では、細かい血管や頭蓋骨などの立体形状の把握が困難でしたが、3次元CGで表現できれば診断が容易になります。

さらに、図11-19(b)のように、気管支や消化器の内部を内視鏡で見たときと同じ様子を、CGで再現するバーチャル内視鏡も実現できます。それ以外にも、手術の方法を事前にCGを使って検討するといったことも行われています。3次元のデータがあれば、それを任意の方向から切った断面画像を作り出すことも簡単にできます。

従来のCTでは、常に動いている心臓などは撮影が困難でしたが、MDCTなら撮影速度が速いため、心臓表面の微細な血管の様子まで撮影できますし、心臓が動いている様子も3次元アニメーションで表示できます。

なお、X線CTは、医療分野以外にも、物体の内部を壊さずに調べる非破壊検査にも活用されています。X線を人体に使う場合は、被爆による健康への影響があるため、ある程度以上の詳細な撮影は難しいのですが、人体以外の構造物の内部を撮影する場合、そのような制限がないため、CTの解像度を高くす

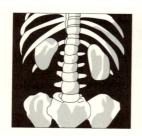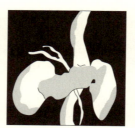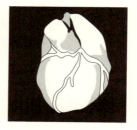

(a) MDCTを使えば3次元CGによる内臓の画像も得られる

(b) 内視鏡から見たときの画像も生成できる

図11-19●MDCTによる撮影データから3次元映像を再構成できる

ることができ、顕微鏡レベルの微細な構造を描き出すこともできます。

MRI

　MRIは、X線CTと同様に、人体の断面画像を撮影できる装置ですが、その原理はX線CTとは異なり、核磁気共鳴という現象を利用して撮影されます。

　MRIの形状は、図11-20(a)のようにX線CTと似た形状をもつ**トンネル型MRI**と、図11-20(b)のようにトンネル型ではなく撮影空間がオープンになっている**オープンMRI**があります。

　従来は、製造が容易で高性能を達成しやすいトンネル型が一般的でしたが、永久磁石を使うことで広く開放した環境で検査が受けられるオープンMRIも普及してきています。オープンMRIなら圧迫感が少ないため安心感が高く、病変部を確認しながら手術をするといったことも可能です。

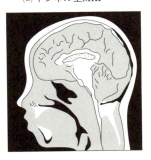
(a) トンネル型MRI

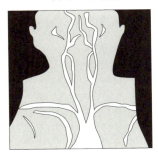
(b) オープンMRI

(c) MRIによる画像の例（頭部、血管）

図11-20 ●MRI

撮影は、40～60MHzのパルス状の強力な磁場をかけると、体内にある水素の原子核が磁気に共鳴して微弱な電波を発生することを利用します。パルスを止めた後、共鳴による電波が徐々に弱くなり、元の状態に戻るまでの時間（これを**緩和時間**といいます）が、それぞれの組織によって異なるため、それを検出することで撮影を行います。

　断面画像の構成方法は、初期のころはX線CTと同様、投影された信号の情報を用いていましたが、現在は位置検出のための磁場を別途かけて、位置に応じて信号の周波数をわずかに変化させ、それを検出することで位置を特定して断面画像を描き出しています。

　人間の身体の約60％は水分でできていますが、この水に含まれる水素の状態を調べることで、人体の内部の様子を調べることができます。水素だけでなく、体内に含まれる炭素やリンを検出できる装置もあります。

　MRIは、骨に邪魔されることがなく、身体の縦・横・斜めのどの方向からも撮影でき、脊椎や脊髄、軟骨などもきれいに撮れます。

　また、X線CTの場合、腫瘍のX線透過率が周囲の組織と同じだと撮影できませんが、MRIなら悪性腫瘍組織の緩和時間が正常な組織に比べて長くなることから撮影することができます。さらに、小さな腫瘍であっても、新陳代謝や血流が悪くなった様子を分子の運動状態から撮影できるため、早期の病状診断も可能です。

　ただし、X線CTと比べると検査に時間がかかり、解像度も低く、強い磁気をかけるため、金属類は取り外す必要があるなどの欠点もあります。また、心臓ペースメーカーやその他磁気に反応する金属が体内にあると、検査を受けることができません。

PET

　CTやMRIは、主に組織の形状を撮影するものでしたが、PETは患者に投与した**放射性トレーサ**と呼ばれる薬剤の体内での行き先を追跡することで、生体の機能を観察する装置です。

　たとえば、ガンの診断の場合、撮影の前にブドウ糖によく似た放射性薬剤を

患者の静脈に注射し、全身に行き渡らせます。ガン細胞は、特に多くのブドウ糖を消費するため、ガンの活性度が高いところにこの薬剤が集まり放射線が強くなり、PET画像からガンの病巣を発見することができます。一度の検査で全身の検査ができ、ガンの早期発見などに活用されています。

　PETの外観は、図11-21のようにX線CTやMRIとよく似ていますが、その原理は全く違います。PET装置の内部は、図11-22のように人体の周囲を取り巻くように配列された多数の検出器からなります。

　この検出器は、γ線という波長の短い電磁波を検出するものです。放射性トレーサには、崩壊して陽電子を放出するポジトロン核種と呼ばれる物質が使われます。そこから放出された陽電子は、近くにある電子と合体して消滅し、2つのγ線をそれぞれ反対方向に放出します。このγ線を検出器で検出したとき、その2つの検出器を結ぶ直線上のどこかにトレーサが存在することになります。

　画像を得るためには、γ線の軌跡（一方の検出器の位置から他方の検出器までを結ぶ線）をすべて描き込めば、γ線の発生源となったところに軌跡が重複して描き出されます。

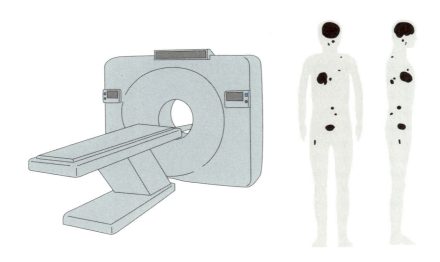

(a) PETの外観　　　　　　(b) PETによる撮影例

図11-21 ●PET

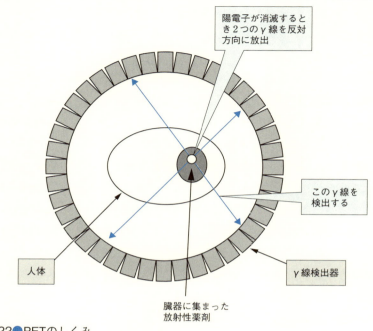

図11-22●PETのしくみ

　ただし、単純に重ね書きするだけでは、像がぼやけたり不必要な放射状の線が残ったりするので、これに特殊な補正フィルタをかけるなどの処理を施して、トレーサの分布を示す画像を作り出すことができます。

　PETにより得られる画像は、細胞の活動の様子ですが、最近では診断の精度を高めるため、PETとCTを融合した**PET-CT**も開発されています。PET-CTは、PETとCTの画像を重ね合わせた撮影ができ、病巣の正確な場所や形がわかります。

　また撮影時間も通常のPETとCTを別々に撮影するのに比べ、約半分で済むという特長があります。

　なお、PETはガンの診断だけでなく、脳内の血液流量を調べて脳内での神経活動や、活動が活発になっている部位を調べるのにも使われています。

超音波検査

　超音波検査は**エコー検査**とも呼ばれ、超音波（人間の耳に聞こえないくらい高い周波数の音）を対象物に当てて、その反響を映像化することで検査します。X線CTなどに比べると解像度が低く、得られる視野も狭いのですが、手軽に検査できて放射線の被ばくがなく安全性が高いことから、産婦人科における胎児の診断などで活用されています。

　超音波検査装置は、図11-23のように超音波を発生させ、反射した超音波を受信するプローブ（探触子）と、受信したデータの処理装置、そして画像を表示するディスプレイからなります。

　X線CTなどの装置と比べて、小型で移動が容易な上、比較的安価という特長があります。ただし、超音波は骨を通過しないので、骨に囲まれている部分の検査はできません。

　プローブには、電気をかけると歪む性質を持つ圧電素子が入っていて、これ

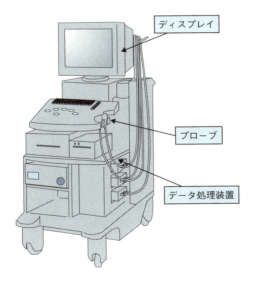
(a) 超音波検査装置

(b) プローブ

図11-23●超音波検査装置

を振動させることでパルス状の超音波を送信し、はね返ってきた超音波を受信します。その信号を処理して、ディスプレイに画像を表示します。

超音波パルスは、直進性が強いので生体内部でまっすぐに進みます。そして、**生体組織の音響インピーダンス**（組織の密度と、音が伝わる速度から決まる値）が異なる組織境界面や、病変部分で反射します。

この性質を利用して、超音波を送信してから受信するまでの時間から反射面までの距離を計算できます。また、戻ってくる超音波の強さは組織の様子によって異なりますので、その強さに応じた明るさで画像を表示すれば、体内の様子を画像化できます。

超音波を扇状に発生することで、図11-24(a)のように対象物の断面画像がリアルタイムに見られます。

また、複数の断面画像から図11-24(b)のような3次元画像を表示するものも普及しています。

さらに、心臓のように動いている臓器の場合、**ドップラー効果**（動く物体からの反射音の周波数が変化する現象）を使って、心臓の弁の動きや血流の様子を調べることもできます。

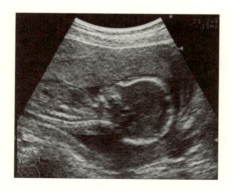

(a) 通常の超音波検査画像の例

(b) 3次元超音波画像の例

図11-24 ● 超音波検査装置による画像

11-6 自動車のための画像処理

　自動車では、エンジンのコントロールをはじめとして、車を動かすための様々な部分にコンピュータが使われています。最近では、コンピュータの性能向上や車載カメラの小型化・低コスト化とともに、画像処理を使った運転の支援や安全性の向上のための機能が組み込まれるようになってきています。本節では、自動車の運転支援や予防安全、衝突安全、そして自動運転などに使われる画像処理技術について見てみることにしましょう。

レーンキープアシスト

　ドライバの運転支援機能として、車線からはみ出さないようにアシストする**レーンキープアシスト**（LKA: Lane Keeping Assist）という機能が実用化されています。

　これは、図11-25のように、車のフロントガラスの上部に設置されたカメラの画像から、路上に描かれた白線を認識し、ハンドルの操作をアシストして運転負担を軽減するものです。

　白線を検出する方法には、様々な手法がありますが、以下では、その一例について説明します。まず、白線を検出するため図11-26に示す検出ラインに沿

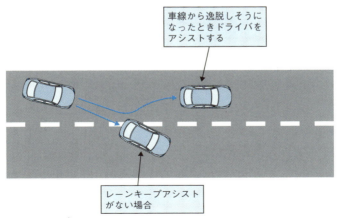

図11-25●レーンキープアシスト

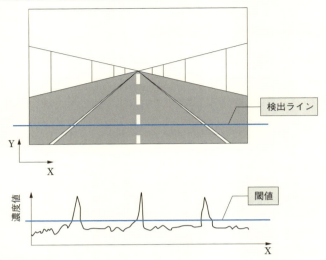

図11-26●白線の認識

って濃度値の変化を調べます。そして、濃度値が設定された閾値より大きくなる部分を抜き出し、その幅から白線の位置を推定します。

さらに、検出ラインを車両の手前から前方に順次移動し、白線として推定した部位の連続性などから白線であると確定します。車両に対するカメラの設置位置は分かっているので、画像上の白線の位置から車両に対する白線の相対的な位置関係を計算することができます。

路面の一部が建物の影などで暗くなっているような場合は、その部分で閾値を変えるなどの対処を行い白線を検出します。その他に、昼夜、逆光、道路の汚れ等、撮影環境が厳しい状況でも、カメラの機能を確保するための工夫がされています。なお、検出ラインを使わずに2次元の画像情報から白線を認識する方法もあります。

以上により得られた白線の位置や、ナビゲーションなどから得られる先方の道路情報、ハンドルの舵角センサによる操作角度、自車速度などに基づいて、パワーステアリングを制御して運転をアシストします。

具体的には、車線から逸脱しそうになったとき警報によりドライバに注意を

喚起し、ハンドルを小刻みに揺らすなどして車線逸脱を知らせます。また、小さい操舵力を連続的に制御することで、ドライバのハンドル操作を支援します。

ただし、降雨や車線の規制など、交通状況のすべてには対応できません。現状では、白線が比較的きれいに見える高速道路や、有料道路などでの使用を前提としていますが、白線がないか白線が認識しづらい場合でも、走行レーンのレーンマーカや道路鋲などを認識して対応できるシステムの研究・開発がされています。

プリクラッシュ・セーフティとナイトビジョン

運転中の車の衝突を事前に判断し、安全装備を作動させることで被害を軽減する機能を**プリクラッシュ・セーフティ**といいます。プリクラッシュ・セーフティには、事故が起きるまでの**予防安全（アクティブ・セーフティ）**と、事故が起こってからの**衝突安全（パッシブ・セーフティ）**がありますが、事故が起こってからでは安全確保に限界があるため、事故を防ぐことを目的としたアクティブ・セーフティの研究・開発が活発に行われています。

たとえば、周波数が76GHz～77GHzの電波を使うミリ波レーダを用いて、対象物からの電波の反射時間やドップラー効果などから進路上の車両や障害物を認識して、先行車との車間距離を一定に保つシステムが開発されています。

また、図11-27のように衝突しそうになった場合、その状態を事前に察知して、ブレーキをかけたりシートベルトを強く引き締めたりすることで、衝突の被害を抑えるといったシステムもあります。

レーダは、障害物までの距離を計測できますが、形状の把握には向いていま

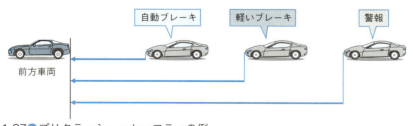

図11-27●プリクラッシュ・セーフティの例

せん。そこで、ミリ波レーダに加えて、カメラ画像からの情報を併用して精度を上げるシステムもあります。

　プリクラッシュ・セーフティでは、事前に道路状況を把握することが大切で、人間の目では認識しづらい夜間の歩行者事故を防ぐことも重要となります。最近では赤外線カメラで捉えた映像を図11-28のように車内のディスプレイに表示して、夜間の視界を補助する**ナイトビジョン**（あるいは**ナイトビュー**）と呼ばれる機能が実現されています。

　たとえば、車の進路上の歩行者や進路に進入しようとする歩行者が検知されると、車内のビデオディスプレイ上に強調枠で表示され、ブザー音により運転者の注意を促したり、ブレーキのアシストをします。

通常の映像

ナイトビジョンシステムによる映像

図11-28●ナイトビジョン

このシステムには、遠赤外線カメラを用いて人間が出す熱源を検知するタイプと、近赤外線ライトを照射して赤外線カメラで検知するタイプがあります。

近赤外線ライトを使う方が検知距離の点で優れますが、コスト的には高くなります。赤外線カメラを2台使うことで、11-1で述べたステレオビジョンの原理により、対象物までの距離も計算できます。

歩行者の認識手法はいくつかの方法が開発されていますが、たとえば身体的な形状特徴により判断する方法があります。

具体的には、赤外線画像で障害物と判断されたものから電柱や車両を除いたものに対して、頭部や肩の形状があるか、また大きさについて、幅が0.5m程度、高さが1〜2mといった基準により判定して歩行者であるかを認識します。ただし、自車の前方に人が飛び出したときや、大勢でかたまって歩いているとき、帽子やコートなどの着用や傘などで頭部が隠れている人、身長が1m以下の子どもでは検出が難しい場合があります。

歩行者の認識手法には、上記のように身体的な形状を用いる方法以外に、207ページで述べたテンプレートマッチングを用いるものがあります。これは図11-29のように歩行者の予想される様々なテンプレートを用意して、歩行者と予想される物体の形状と照らし合わせて判定するものです。この処理を時間的に変化する画面ごとに行うことで、最終的に歩行者と認識します。

このようなテンプレートの照合には計算時間がかかるため、まずは代表的なテンプレートで大まかに候補を絞り込んでおいて、その後さらに詳細なテンプレートで照合していくことで計算時間を短くする手法もあります。

上記以外の人物領域を検出する手法として、**HOG**（Histogram of Oriented Gradient）特徴量を使う方法があります。HOGは、部分的なブロックごとにエッジ画像（57ページ参照）を求め、ブロック領域ごとのエッジの向きに対するヒストグラムを計算したものです。あらかじめ人物のHOG特徴量を学習しておき、その学習済みの特徴量を用いてSVM（212ページ参照）やAdaBoost（249ページ参照）などの機械学習の手法を使って人間の領域を検出することができます。

なお、現在のシステムでは、悪天候などの視界不良に対する運転支援ができ

図11-29●テンプレートマッチングによる歩行者認識

ないため、霧や夜間の雨などの悪条件下や、複雑な道路環境においても歩行者認知を支援できる技術開発が進められています。

駐車支援システム

　ワゴン車などでは、駐車時などに後方が確認しづらいことがありますが、車の後にリアカメラを取り付け、運転席から死角となる部分を車内のテレビモニタで確認することで、車庫入れなどが安全に行えます。

　このように従来から、カメラを用いて後方や前側方の視界を運転席のモニタで視認できる車両安全確認システムがありますが、さらにこれに画像処理技術を加えることで、駐車支援を行うシステムが実用化されています。

　たとえば、駐車時のモニタ画像に車両のハンドル切り角に応じた後退予想位置をマーカで重ね合わせて表示し、駐車スペースの白線などに対し自車がどの

程度傾いているかといった、距離イメージを簡単に把握できるシステムがあります。

また、車両の前・後部および側方部に取り付けられたカメラ画像を補正して合成することにより、図11-30のように、あたかも運転中の車両を真上から見たような映像を表示するシステムが開発されています。これにより、自車と駐車スペースの位置関係や、後方の障害物等との距離をより正確に把握でき、駐車が容易になります。

さらに、縦列駐車や車庫入れ後退時のステアリング操作を支援する**パーキングアシスト**も開発されています。このシステムでは、車両前部に取り付けられた超音波センサにより駐車中の他車両の位置を検出し、画像処理による駐車枠白線の認識結果と併せて駐車が可能な空間を推定し、これに基づきコンピュータが自動的にハンドルを操作し駐車作業を支援します。ドライバは、周囲の安全確認とブレーキ操作による速度調整をするだけで、ハンドルを操作しなくても駐車できます。ハンドルだけでなく、ブレーキ操作やアクセル操作まで補助する機能を加え、上り坂や段差のある道などにも対応するシステムの開発も進められています。

将来、画像処理により、駐車スペースがどこにあるかを自動で探して駐車し

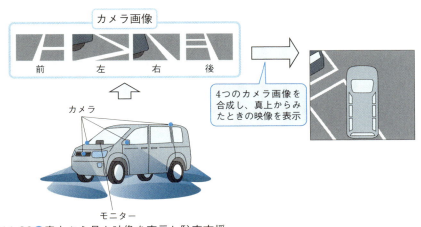

図11-30 ●真上から見た映像を表示し駐車支援

てくれる機能が実現されれば、ドライバが車をどこに停めようか迷うといったこともなくなるでしょう。

自動運転とセンサ

　自動運転は、以上で述べた運転支援や予防安全、衝突安全のための技術の延長線上にある技術といえます。

　米国自動車技術会（SAE）は、自動運転の自動化のレベルを表11-1のように定義しています。レベル0は完全に人手による運転で、レベルが上がるほど自動運転の度合いが高くなります。レベル2までは人間が運転の主体ですが、レベル3以上では自動運転システムが主体となります。レベル5になると完全に自動運転が可能で、ドライバが不要になります。

表11-1●自動運転のレベル（米国自動車技術会による定義）

自動運転レベル	概要	システム
レベル0	非自動運転	従来の車、完全に人間による運転
レベル1	ドライバ支援	自動ブレーキなど
レベル2	部分的自動運転	レーンキープアシストなど
レベル3	条件付き自動運転	緊急事態を除き運転を車に任せる
レベル4	高度自動運転	原則運転手の対応を必要としない
レベル5	完全自動運転	無人での運転が可能

　レベル3までであれば現在の技術でも対応が可能ですが、レベル4以上となると、なかなか実現が難しい状況です。それでも多くの企業や研究機関がレベル5までの実現を目指して開発競争を行っているところです。

　自動運転には、自動車の周辺（外界）の状況を素早く的確に把握するために多くの外界センサが使われています。その代表的なものを表11-2および図11－31にまとめました。

　カメラは、車や歩行者、二輪車、白線や道路など、様々な対象物を検出・認識できるという特長があります。側方や後方の環境認識にも使うことができます。また、11-1で述べたステレオビジョンを使って、前方の車までの距離を計測することもできます。ただし、カメラだけでは、夜間・雨天・濃霧・降雪などの悪天候では精度が落ちるため、その他のセンサと組み合わせて使われます。

表11-2 ● 自動運転で使われる外界センサ

外界センサ	概要	性能・用途
カメラ	単眼やステレオビジョンなど	車や歩行者、二輪車、白線や道路の形状などを認識
レーダ	電波の反射時間から距離を測定	夜間や悪天候でも利用可能。自動ブレーキ、車間距離制御などに使われる
LIDAR	レーザを使ったレーダ	周囲の3次元空間情報を電波レーダより高い精度で検出できる
超音波センサ	超音波の反射波から距離を測定	走行中の車線に入ってくる車両の検知やパーキングアシストなどに利用

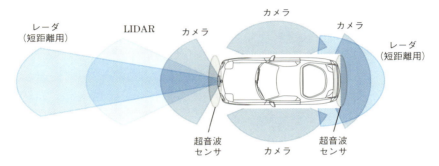

図11-31 ● 自動運転で使われるセンサ

　レーダは、電波を対象物に発射して、その反射波が戻ってくる時間から周辺の物体までの距離や相対速度、方向を測定するものです。自動車では、265ページで述べたミリ波レーダがよく使われます。空間分解能が他のセンサと比較して低いので、物体の詳細な形状の認識はできませんが、カメラでは認識が難しい夜間や悪天候の場合でも利用できるという特長があります。車間距離制御システム（ACC：Adaptive Cruise Control）や、衝突防止のための自動ブレーキなどに利用されます。ただし、路面上の小さなゴミやパンクしたタイヤの破片などはレーダでは捉えられないため、カメラや次に述べるLIDARが補助的に使われます。

　LIDAR（Light Detection and Ranging、ライダと読みます）は、赤外線レーザを照射し、反射して戻るまでの時間から周囲の物体までの距離を計測するものです。つまり、242ページで述べたToFを利用しています。レーザ光線を使った一種のレーダなので、**レーザレーダ**とも呼ばれます。電波を使うレーダよ

りも検出精度が高く、周囲の3次元空間情報を素早く正確に把握できる上、道路標識や路面上の白線などのレーンマークを読み取ることもできます。ただし、LIDARは光を使うため、雨や霧などの悪天候に弱いという欠点があります。

　超音波センサは、超音波の反射波から距離を測定するもので、2m以内の近接センサとしてよく使われます。走行中の車線に入ってくる車両の検知やパーキングアシストなどに利用されます。

　以上のように、それぞれの外界センサには長所と短所があるので、複数のセンサを用途に応じてうまく組み合わせて使用することが必要となります。このように、複数のセンサから得た多くのデータを統合的に処理し、高度な認識機能を実現する手法を**センサフュージョン**といいます。

　こうして得られた情報を使って、障害物などを含む自動車周辺の詳細な地図ができれば、自動運転により安全に目的地に到達するための走行ルートをコンピュータで求めることができます。また、センサから得られた情報を自分の車だけで利用するのではなく、周辺の車と無線で情報共有することで、より安全確実に自動運転を行う方法についても検討されています。

ドライバモニタシステム

　コンピュータによる運転支援技術が使えるようになっても、270ページ表11-1のレベル2まではあくまで運転の主役はドライバですので、運転中のドライバの状態を把握し、適切な支援や警報を行うことが重要となります。このため、ドライバの顔の向きを検知し、脇見運転や居眠り運転を検知する**ドライバモニタシステム**が開発されています。

　ドライバモニタシステムでは、メータパネルなどに設置されたカメラでドライバの顔を捉え、画像処理により顔の向きを検知し、顔が正面を向いていない状態で衝突の可能性が高いと判断した場合は、通常よりも早いタイミングで警報ブザーや警告表示を作動させてドライバに注意を促します。

　さらに、衝突の危険性が高まってもドライバが正面を向いていない場合には、警報ブレーキにより体感的に危険を知らせることもできます。また、図11-32のようにカメラで捉えたドライバの顔画像から、目の瞬きの回数や時間を分析

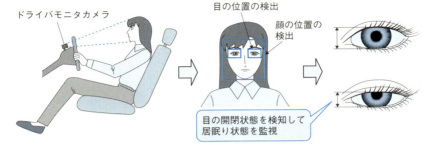

図11-32 ● ドライバモニタシステム

して居眠り状態を検知するシステムもあります。

　ドライバの顔に近赤外線を照射することで、夜間におけるドライバの顔の認識をしやすくしたタイプもあります。ドライバモニタカメラの他の応用例として、ドライバの顔を認識し、ドライバに適するようにシートポジションなどを自動的に変更するといったシステムの開発もされています。

　このほか、画像処理を使って運転を完全に自動化する自律運転システムの研究も行われています。高速道路などの理想的な環境では、カメラや各種センサ情報を用いて道路の端や白線を見つけ、自律運転ができるシステムが試験開発されていますが、現状では突発的な緊急状態などへの対応はできません。

　また、一部の天候状態、道路状況などで道路認識をミスする可能性もあります。このため、一般道路で使えるような完全な自律運転システムの実用化は、まだ先のことになりそうです。

◆主な参考文献◆

末松良一、山田宏尚：画像処理工学、コロナ社（2000）
山田宏尚：デジタル画像処理、ナツメ社（2006）
田村秀行：コンピュータ画像処理入門，総研出版（1985）
本多庸悟：画像処理と視覚認識，オーム社（1995）
下田陽久，他：画像処理標準テキストブック，画像情報教育振興協会（1997）
尾上守夫：画像処理ハンドブック，昭晃堂（1987）
鳥脇純一郎：画像理解のためのディジタル画像処理 [1]，[2]，昭晃堂（1988）
安居院猛，他，画像の処理と認識，昭晃堂（1992）
貴家仁志：よくわかるディジタル画像処理，CQ出版社（1996）
長谷川純一，他：画像処理の基本技法，技術評論社（1986）
八木伸行，他：C言語で学ぶ実践ディジタル映像処理，オーム社（1995）
磯博：ディジタル画像処理入門，産能大学出版部（1996）
中嶋正之，他：グラフィックスとビジョン，オーム社（1996）
松尾 豊：人工知能は人間を超えるか，KADOKAWA（2015）
岡谷貴之：深層学習，講談社（2015）

index

■ 数字・アルファベット ■

1080／24p ·················· 178
1080i ···························· 147
1次元Y／C分離 ············ 167
2-3プルダウン方式 ······· 177
2次元Y／C分離 ··· 167, 168-169
2進数 ······················ 23-24
2値化 ···················· 190-192
2値画像 ·························· 24
2パスエンコード ············ 156
32ビットカラー ··············· 43
3次元Y／C分離 ··· 168, 170-171
4：1：1 ························ 130
4：2：0 ························ 131
4：2：2 ························ 130
4：4：4 ························ 131
480i ······························ 147
480p ····························· 147
4K ································· 18
720p ···························· 147
8K ································· 18
AdaBoost ······················ 249
A-D変換 ···················· 16-17
AI ························· 3, 184-185
AMスクリーニング ········ 86-87
AVCHD ························ 158
AVCREC ······················· 158
bps ······························· 148
BT.2020 ························· 37
BT.709 ··························· 36
Bピクチャ ················ 153-154
CBR ····························· 155
CCD ····················· 16, 39-40
cd ································ 178
Chainer ························· 234
CIE ································ 35
CMYK ····························· 33
CNN ······················· 228-230
CRT ······················ 144-145
CT ································ 252
DCT ······················· 105-109
DFT ······················· 101-105
DNN ····························· 221
Dolby Vision ·················· 179
dpi ································· 84
DQN ····························· 233
DVI ······························· 180
D端子 ··························· 179
Exif ······························· 127
FFT ······························· 105
FMスクリーニング ········ 86-87

fps ······························· 145
GOP ····················· 153-154
GPU ····························· 225
H.264 ····················· 158-159
H.264/AVC ·················· 158
H.265 ··························· 160
Haar-Like特徴 ········ 249-250
HD ································· 18
HDCP ··························· 180
HDMI端子 ·············· 180-181
HDR ····················· 77, 178-179
HDR10 ························· 179
HDTV ··························· 147
HLG ····························· 179
HOG ····························· 267
Hough変換 ············ 198-199
IDCT ···························· 107
IDFT ····························· 103
IP変換 ··················· 174-175
ITU-R BT.2020 ··············· 37
ITU-R BT.709 ················· 36
Iピクチャ ······················· 153
JFIF ····························· 127
JPEG ········· 127, 131, 137-141
JPEG2000 ···················· 139
Kinect ··························· 242
K-means法 ··················· 213
L*a*b*表色系 ··········· A-5, 37
LIDAR ·························· 271
lpi ·································· 83
LSTM ··························· 231
MDCT ··················· 254-255
MPEG ··················· 148-149
MPEG1 ············· 148, 149-150
MPEG2 ··················· 154-156
MPEG21 ················ 161-162
MPEG2-PS ·················· 156
MPEG2-TS ·················· 156
MPEG4 ························ 157
MPEG-4 Part 10 Advanced Video
Coding ························ 158
MPEG7 ················· 160-161
MPEG-H HEVC ············· 160
MRI ····················· 252, 257-258
nit ································ 178
NTSC ················ 45, 164-166
OCR ····························· 204
PET ······················ 253, 258-260
PET-CT ························ 260
ppi ································· 84
Prewittのエッジ検出オペレータ 61

Pピクチャ ················ 153-154
RCA端子 ······················ 180
ReLU ···························· 222
RGB ······························· 31
RNN ····················· 230-231
Robertsのエッジ検出オペレータ
······································ 60
SD ································· 18
SDR ······························ 179
SDTV ··························· 147
Shape from shading法 ······ 201
Shape from texture法 ········ 202
Shapefrom-X ················ 202
Sobelのエッジ検出オペレータ 61
sRGB ····························· 39
SVM ····························· 212
S端子 ··························· 179
TensorFlow ·················· 234
ToF ······························· 242
UHD ······························ 18
UHD BD ······················· 160
Ultra HD Blu-ray ············ 160
VBR ······························ 155
x.v.Color ························ 39
XYZ表色系 ··········· A-4, 35-36
X線CT ················· 12, 252-257
YC_bC_r ················ 127-129
Y／C分離 ············· 166-167
YIQ ································ 45

■ あ ■

アクティブ・セーフティ ······· 265
アクティブビジョン ············ 243
アスペクト比 ··················· 147
アップサンプリング ··········· 131
アナログ ···························· 5
網スクリーン ················ 81-83
網点 ·························· 80-87
アルファ値 ························ 43
アンサンブル学習 ············ 223
暗視カメラ ························ 46
アンチエリアシング ··· 18, 125-126
位相スペクトル ················ 100
一般化Hough変換 ·········· 199
移動平均フィルタ ··············· 51
イメージセンサ ·················· 16
インターレース ·········· 145-146
インデックス方式 ········· 43-45
ウェーブレット変換 ············ 139
動きベクトル ············· 150-152
動き補償 ······················· 150

275

動き補償フレーム間予測符号化
　……………………………… 150-152
運転支援……………………………263
エキスパートシステム…………184
エコー検査…………………………261
エッジ………………………………54
エッジ抽出フィルタ………………55
エピポーラ線……………………240
エリアシング……………18, 122-126
円形度……………………………194
エンコード…………………23, 135
エントロピー………………………135
エントロピー符号化………………135
オイラーの公式……………………98
オートエンコーダ… 225, 231-233
オープンMRI……………………257
オプティカルフロー…… 244-245
オペレータ…………………………50
音響インピーダンス……………262

■ か ■

階層型ネットワーク……………217
階調値………………………………21
回路設計………………………………8
顔認証……………………………249
顔の検出…………………………249
過学習……………………………223
可逆圧縮………………… 139-140
可逆符号化………………………140
核磁気共鳴………………………257
学習データ………………………212
隠れ層……………………………217
加重平均フィルタ…………………52
画素………………………………6, 17
画素数…………………………17-20
画像認識……………… 189, 205
画像理解……………… 185, 201
活性化関数……………… 218, 222
可変ビットレート………… 155-156
加法混色………………… A-1, 31
カラーテーブル……………………44
カラーマネージメントシステム 38
完全拡散反射面…………………201
桿体…………………………………29
緩和時間…………………………258
黄……………………………………33
機械学習…………………………184
奇関数……………………………106
疑似エッジ…………………………25
疑似輪郭……………………………25
奇数フィールド…………………145
基底…………………………108, 116
基底関数……………………………96
輝度信号………………………45, 127
輝度値………………………………21

強化学習…………………………233
教師あり学習……………………212
教師信号…………………………218
教師なし学習……………………212
局所コントラスト正規化………229
空間周波数…………………110-114
偶関数……………………………106
偶数フィールド…………………146
櫛形フィルタ……………………169
クラスタ…………………………210
クラスタリング…………………212
クロスカラー……………………169
訓練データ………………………212
形式ニューロン…………………219
結合係数…………………………218
減法混色………………… A-2, 33
虹彩認証………………… 247-248
交差点……………………………214
高速フーリエ変換………………105
勾配消失問題……………………223
交流成分……………………………97
国際照明委員会……………………35
誤差拡散法……………… 87, 89-91
固定ビットレート………………155
ごま塩ノイズ………………………49
コントラスト…………… 70-76, 174
コンピュータ断層撮影… 252-253
コンピュータビジョン… 185-186
コンポーネント端子……………179
コンポジット信号………… 165-166
コンポジット端子………………179

■ さ ■

再帰型ニューラルネットワーク 230
細線化……………………………213
彩度…………………………………35
差分…………………………………56
サポートベクターマシン………212
三原色…………………………31-33
サンプリング定理…………………25
シアン………………………………33
閾値………………………… 191-192
色差信号………………………45, 127
色差成分……………127, 129-131
色相…………………………………35
色度座標……………………………35
色度図…………………………36-37
識別………………………………209
識別境界…………………………210
シグモイド関数…………………219
刺激和………………………………35
次元の呪い………………………212
視差…………………………236, 239
自動運転…………………… 270-272
指紋認証…………………………246

シャープ化…………………………66
収縮処理…………………………196
主軸方向…………………………195
出力層……………………………217
受動的計測法……………………241
焦点………………………………238
焦点距離…………………………238
衝突安全…………………………265
人工知能………………… 3, 184-185
深層学習…………………………184
振幅スペクトル…………………100
錐体…………………………………29
スクリーン角度……………………85
スクリーン線数……………………83
ステレオビジョン…… 236-240
ストリーム録画…………………156
スパースコーディング…………224
スペクトル…………………………28
スペクトル軌跡……………………36
ゼロクロス…………………………64
零交差………………………………64
センサフュージョン……………272
鮮明化…………………………66-68
相互相関係数……………………207
走査………………………………145
走査線……………………………145
組織的ディザ法……………………88
ソフトマックス関数……………230
ソラリゼーション…………………76

■ た ■

帯域………………………………165
ダイナミックレンジ………………77
多重化方式………………………149
畳み込み層……………… 228-230
畳み込みニューラルネットワーク
　………………………………… 228
多値画像……………………………24
単位円………………………………98
端点………………………………214
チェイナー………………………234
中間層……………………………217
駐車支援………………… 268-269
超音波検査……… 253, 261-262
超高精細テレビ……………………18
直流成分……………………97, 111
著作権………………… 8, 158, 161-162
直交変換…………………………109
積み木の世界…………… 200-201
強いAI……………………………184
ディープQネットワーク………233
ディープカラー……………………43
ディープニューラルネットワーク 221
ディープラーニング
　…………………… 184-185, 221-234

ディザ法	87-89
ディザマトリックス	88-89
テクスチャ	202
デコード	23, 135
デジタル	5
デジタルハーフトーン	84
デジタルハイビジョン	18
デジタルハイビジョン放送	18
テレビシネマ変換	177-178
電子回路	8
テンソルフロー	234
テンプレートマッチング	207-208
トゥルーカラー画像	41
トーンカーブ	73-76
特徴空間	208-212
特徴抽出	189, 195, 209, 248
特徴マップ	228-229
特徴量	193-194, 213-216
ドット妨害	169
ドップラー効果	262
ドライブモニタシステム	272-273
ドロップアウト	223-224
トンネル型MRI	257

な

ナイーブベイズ法	212
ナイキスト周波数	125
ナイトビジョン	265-266
ナイトビュー	266
ニューラルネットワーク	185, 217-221
入力層	217
ニューロン	217
ネガポジ反転	76
ノイズ	7, 48-50
濃淡画像	24
能動的計測法	241
濃度値	21
濃度ヒストグラム	70, 71
濃度変換曲線	73
ノード	219
ノンインターレース	147

は

パーキングアシスト	269
ハーフトーン	A-6, 80-86
ハーフトーンセル	83
バイオメトリクス	245-251
ハイ・ダイナミックレンジ合成	77
ハイパスフィルタ	121
ハイビジョン	147-148
白色光	28-29
パターン認識	205, 208
波長	28
バックプロパゲーション	217
パッシブ・セーフティ	265
ハフマン符号化	135
ハミング距離	248
パレット	44
パワースペクトル	100
半教師あり学習	233
搬送波	165
ハンドアイシステム	243
判別分析法	192
非可逆圧縮	139-141
非可逆符号化	139-141
被写界深度	238
ビジュアルサーボ	242-245
ビジョン	185
ヒストグラムの均一化	72-73
ビット	24
ビットレート	148
非破壊検査	256
標準解像度	18
表色系	35
標本化	16-18
標本化定理	122-125
ピント	236-238
ピンピッキング	196
ピンホールカメラ	238
フィルタ行列	50
フィルタ処理	51, 122
フーリエ級数展開	96
フーリエ係数	97
プーリング層	228-230
復号化	23, 135
複素数	97
複素フーリエ級数展開	98-101
複素フーリエ係数	99
複素平面	98
符号化	23, 135
符号数	23
物体認識	185
ブラウン管	144-145
プリクラッシュ・セーフティ	265-266
フルカラー画像	41
フレーム	144
フレーム間予測符号化	149-150
フレームバッファ	170
プログレッシブ	147
ブロック・ノイズ	A-8, 138-139, 171
ブロックマッチング法	152
分岐点	214
分析帯	248
分類	209
平滑化	48-51
並列計算	225
ヘリカルCT	254
方向コード	215
放射性トレーサ	258
ぼかし	48
ボクセル	255

ま

前処理	189
マクロブロック	151
マゼンタ	33
マニューシャ	246
マニューシャマッチング方式	246
マニューシャリレーション方式	247
マンセル表色系	A-3, 34-35
見え方に基づく3次元物体の認識	203-204
ミニバッチ	225
ミリ波レーダ	265
無彩色	31
明度	35
メタデータ	161
メディアンフィルタ	53-54
モアレパターン	86
文字認識	204-216
モスキート・ノイズ	A-7, 138, 171

や

有彩色	31
ユニット	219
予測符号化	140
予防安全	265
弱いAI	184

ら

ラプラシアン	62-65
ラベリング	193
ランダムディザ法	89
ランレングス	136
離散コサイン逆変換	107
離散コサイン変換	105
離散フーリエ逆変換	102-103
離散フーリエ変換	101-102
量子化	16, 22-24
量子化行列	132-133
輪郭線	54, 193-194, 197-198
輪郭線追跡	193
ルールベース	184
レーザレーダ	271
レーンキープアシスト	263
連結性	214
連結点	214
レンジファインダ	241
ローパスフィルタ	121
ロゼッタパターン	86
ロボットビジョン	185-186

[著者]
山田宏尚（やまだ・ひろなお）
　1986年名古屋大学 工学部 機械工学科卒業。1991年名古屋大学大学院 博士課程修了。工学博士。ドイツ・アーヘン工科大学客員研究員、名古屋大学 講師等を経て2007年より岐阜大学 教授。メカトロニクス、フルードパワー制御、画像処理工学、バーチャルリアリティなどの教育・研究に従事。
　主な著書に『デジタル画像処理』、『コンピュータグラフィックス』、『コンピュータのしくみ』、『CPUの働きと高速化のしくみ』（ナツメ社）、『画像処理工学』（コロナ社＜共著＞）。

■装丁
　　　トップスタジオデザイン室（嶋 健夫）
■改訂版編集
　　　トップスタジオ

増補改訂版　図解でわかる
はじめてのデジタル画像処理

2008年　7月　1日　初　版　第1刷発行
2018年　3月　6日　第2版　第1刷発行
2022年　4月21日　第2版　第2刷発行

著　者　山田宏尚
発行者　片岡　巌
発行所　株式会社技術評論社
　　　　東京都新宿区市谷左内町21-13
　　　　電話　03-3513-6150　販売促進部
　　　　　　　03-3267-2270　編集部
印刷／製本　昭和情報プロセス株式会社

定価はカバーに表示してあります。

本書の一部または全部を著作権法の定める範囲を超え、無断で複写、転載、複製、テープ化、ファイルに落とすことを禁じます。

©2018　山田宏尚

造本には細心の注意を払っておりますが、万一、乱丁（ページの乱れ）や落丁（ページの抜け）がございましたら、小社販売促進部までお送りください。送料小社負担にてお取り替えいたします。

ISBN978-4-7741-9575-9　C3055

Printed in Japan